拇指
一代

[法] 米歇尔·塞尔 著

谭华 译

PETITE
POUCETTE
MICHEL SERRES

华东师范大学出版社

华东师范大学出版社六点分社　策划

给艾伦娜，

拇指女孩培训员中的女培训员，

拇指男孩听众中的女听众

给雅克，诗人，

他让拇指一代唱出时代之音

目　录

"拇指一代"、低头族及未来（代序）

倪为国

> 世界上存在着两种不同的无知，粗浅的无知存在于知识之前，博学的无知存在于知识之后。
>
> —— ［法］蒙田

新人类的到来……

在中国，你很难想象；在法国，这样的事却发生了：一位 80 多岁的老人，一位法兰西的院士，面对法国无处不在的"低头族"，站出来支持新的一代"低头族"，把这些年轻人比喻为"拇指一代",并预言这是"新人类"的到来,由此专门写下这本《拇指一代》的小书,向崛起的"新人类"发出了邀约和致敬。此书上市一个月,横扫法国,首版20多万册,一销而空,一时间在法国引起轰动和争议,成了法国坊间最畅销、媒体转载、讨论最多的论著之一。无论是法国电视台、电台还是报刊杂志,几乎无一例外地卷入了这场争议,并波及到法国的教育界、哲学界,意见截然对峙。为此,作者米歇尔·塞尔(Michel Serres)频频成为舌战的焦点,这位80多岁的老人真是一个充满战斗力的乐观主义者——被法国大众传媒誉为"能以宽宏之心"对待"拇指一代"的哲学家。那么,这本小书究竟触碰了法国社会的哪根"神经"?这位老人到底讲了哪些"惊世骇俗"的话语?

本书起笔于作者在法兰西学士院的一次公开讲演,并在此基础上写成。在这本小书里,他向当今日新月异的数字世界和携带这个世界的新的一代人投去一道全然乐观的目光——称其为"新人类"的到来。塞尔坚定地确信,靠一个数字化的、自由链接的世界，新的一代人将在认知和政治上获得史无前例的解放。仿佛在这种文明的突变中，已经产生或正在产生一个新的人类——"拇指一代"，也即最终自由的、完全自我的个体人，他们依靠数字技术，摆脱了以往的一切负担和奴役。这些"小拇指们"的诞生，甚至预示了一个新的全球社会的到来，一个富有创造性的、和平的、民主的、符合生态的全球社会。

法国评论界把这本讨人喜欢的畅销小书比喻成"一部虚构的童话"，在这部既隐喻又显白的现代童话里，作者以第一人称叙事议论，交替出现隐喻"拇指女孩"的行为，时而文学描述，时而哲学沉思，时而科学发问，时而历史引证，不断地尖锐拷问，不停地给出大胆的结论，甚至充满激情预言：

知识的时代终结了

专家的时代终结了

表演者的世纪结束了

决策人的时代结束了

3

整本书宛如作者在不断地刷屏，在不停地搜索，最后干脆直接点"赞"，一再点"赞"。作者的激情、洞见、才华，当然还有一个老人对"拇指女孩"的爱和期待，跃然纸上，毫无顾忌。毫不夸张地说，这是一本有人欢喜有人愁的书，究其理论背景，令人想到法国当代理论家安德烈·勒鲁瓦-古尔汉（André Leroi-Gourhan）那套技术人类学的理论。

他是谁？

让我们一起走近这位法国老人——米歇尔·塞尔，1930 年生于法国南部，青年时代就读布雷斯特海军军官学校，在海军服役是他人生中的一个重要阶段。22 岁那年，他跻身法国人梦寐以求的巴黎高师研读数学史，其间迷恋哲学家巴什拉（Gaston Bachelard）的科学哲学思想。1955 年，25 岁的他，通过巴黎高师哲学教师资格考试。38 岁那年，他以提交论文《莱布尼茨体系及其数学模型》而获得博士学位。他从 1969 年起任索邦大学科学史教授，1984 年受聘为美国斯坦福大学终身教授，1990 年当选法兰西学士院院士。

作为一名科学史专家，米歇尔·塞尔秉承法国百科全书式的学统，从数学史、科学史入手，进而进入哲学，他的作品具有很明显的个人风格特征：科学史各种数据都被用来服务于他的哲学思考，他坚持认为：这是法国的古老传统。自 1968 年发表博士论文《莱布尼茨体系及其数学模型》进入哲学研究以来，他至今出版各种专著多达 50 余部，涉及哲学、科学、文学和历史等领域，包括五大卷知识思想史论集《赫尔墨斯》(*Hermès* I，II，III，IV，V，1969—1980)，《寄生者》(*Le Parasite*，1980)，《罗马：奠基之作》(*Rome. Le livre des fondations*，1983)，《自然契约论》(*Le Contrat naturel*，1990)，《第三受教者》(*Le Tiers-instruit*，1991)，《人类再生》(*Hominescence*，2001)，《眼睛》(*Yeux*，2014)，《五种官能》(*Les cinq sens*，2014) 等。塞尔 1993 年发表的《天使传奇》(*La Légende des Anges*) 可视为他从哲学家职能演变的角度去观察当代社会的尝试，而《拇指一代》则是他对知识时代终结和信息技术带来全新社会互动关系的全新思考。

对未来教育的预言

这本小书提出的最大挑战是对未来教育的预言。这位法兰西老人对未来教育的畅想，确实大胆得令人有些"瞠目结舌"：他用短短几页篇幅就几乎修理清算了现代教育体系的各个组成部分：似乎今后不再需要学校了，不再需要老师了，甚至连课堂上传授知识本身也不再需要了，因为今天所有的知识都可以外化在数字信息库里，可以用"搜索"唾手可得，可以通过网络长期、随时获取了，他预言未来的教育将发生根本的变化——至于怎么变，米歇尔·塞尔没有给出答案，但他在接受法国《视点》周刊的采访时，坚定地说："不管您愿不愿意，知识的民主化已经成为一个事实。"这位法兰西院士反复提醒人们：知识的民主化，最终将带来教育民主化。人类将面临"新人类"——拇指一代到来，且要有所准备，在这个过程中人类赢得的始终多于失去的。

这些尖锐的问题迟早或已经悄然地在中国教育界发酵，且引发争议……结论或后果都难以想象。

"一部虚构的童话"还是新人类诞生的预告

无论是"童话"还是"预告"，米歇尔·塞尔提出的根本问题是人类未来社会的走向。互联网，特别是移动互联网改变了人类对时间和空间的认知，由此带来的"革命"是颠覆性的，不可测的，甚至是不可逆的。

"技术的统治"，这是德国著名思想家海德格尔对现代社会的一个重大判断。他生前对技术统治的世界图景是忧心忡忡、强烈悲观的。他把这种"技术统治"给人类所带来后果称之为：精神的"不在家"或是"无家可归"状态。

"拇指一代"会不会是精神上"无家可归"的

一代呢？我不敢言说，但我还是鼓足勇气，写下我阅读这本小书兴奋之余的困惑或不安：

——倘若我们习惯于"搜索"，我们会不会失去对知识追求的兴趣，失去对阅读的热情，进而失去对伟人及伟大作品的尊重？

——倘若知识可以民主化，这就意味着知识与获取之间的鸿沟可以被"搜索"弥合。搜索，意味我们放弃思考，取消权威。由此，浏览、复制、剪贴，甚至抄袭，最终成为我们获取知识的"新常态"，知识产权终将在"搜索"中终结？

——倘若我们日常生活、工作最终归依于互联网＋的话，这就意味着我们无法逃脱被技术"格式化"、"碎片化"、"规范化"的控制宿命，除了"投降"，没有其他的"安顿"，难道我们真的会走上一条精神"无家可归"（*海德格尔语*）之路？

——倘若我们确信互联网是现代技术迄今为止向人类的欲望最为隆重、最为盛大、最为持久的一次致敬，并会产生崭新的一代——拇指一代；那么，未来人工智能或机器人主宰我们或主宰这个世界也许不再是一个神话或幻想，而是人类欲望的真实赤裸的故事？

当我们向低头族——拇指一代致敬时，我们是否应当保持一份警惕，因为技术的进步与社会的进步是不相干的。技术进步以迎合或满足人的欲望为前提，社会进步则是以建树良知或正义为尺度的，欲望的天然伴侣不是技术而是恐惧。当移动互联网技术改变了时间和空间，这就意味着"恐惧"将无处不在，无时不在。

末了，我想起了蒙田的一句话："宁要一个健全的头脑，而不要装得满满的脑袋。"因为面对"恐惧"，我们需要一个健全的头脑。

是为序。

第一章

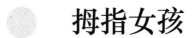 拇指女孩

无论向任何人传授任何东西，至少事先要有所了解。今天，上小学、初中、高中、大学的是哪些人？

新事物

　　这个刚入学的小学生，这位年轻的女大学生，从未见过小牛犊、母牛、猪，也未曾见识过一窝孵出的小鸡。1900 年，地球上的大部分人口从事的是农耕和放牧；而 2011 年，法国以及同类国家中，农民只占人口的百分之一。毫无疑问，我们应将这视为新石器时代以来最彻底的一次断代。从前，我们的文化以农事为参照，但它突然发生了巨变，只是生活在地球上的我们仍然还要靠土地吃饭。

　　我介绍给你们的她或他，不再与牲畜相伴，不再栖居于同一块土地，不再与世界保持同样的关系。这个她或他，只欣赏那种阿卡迪亚式的自然①，即娱乐或旅游的自然。

如今他住在城里，而过去，他的一大半直系先辈终日出没于田头。由于对环境变得敏感，比起我们这些不自觉的、自恋的成年人，他显得更为谨慎和敬畏，造成的污染也更少。

他不再过同样的体力生活，他生活的这个世界也发生了量的变化，仅仅在一个人生命的长度中，人类人口就从二十亿陡然升到七十亿，他已经生活在一个人满为患的世界了。

今天，他的寿命可奔八十。他的曾祖父母结婚那天发誓白头偕老，但终老也不过十年而已。现在，假如他和她决定生活在一起，还会同样发誓，

_____

① 阿卡迪亚（Arcadie）：古希腊地名，位于伯罗奔尼撒半岛中部，因地理位置偏僻及当地宁静的田园风光而被古代诗人描述为人与自然和谐相处的牧歌之乡。牧神潘和众神使者赫耳墨斯的传说均与该地有关。

4

厮守六十五年么？他们的父母接近三十岁时继承遗产，而他们要到老了才能等到这一天。他们的寿命不再是同一回事，婚姻和财产的转移也是如此。

他们的父辈扛着插了一朵花的枪杆子奔赴战场时，献给祖国的是一条短促的生命；如今，有六十年的光景摆在眼前，他们还会那样奔赴沙场吗？

六十年来——这可以说是西方独一无二的一个历史间隙，无论是他还是她，都不曾经历过战争；再过不久，连他们的上司和老师也一样，都是未曾经历战争的人了。

得益于终见成效的医学，得益于镇痛和麻醉药品的应用，总的来说，他们比前辈忍受的痛苦要少一些。他们又何曾饿过肚子呢？然而，一切伦理，无论是宗教的还是世俗的，都可以归结为修行，旨在承受无可回避的日常痛苦，包括疾病、饥馑和世上的残酷。

他们不再有同样的身体和行为，而任何成年人也无法给他们以相应的道德启发了。

如果说他们的父母是糊里糊涂来到世上的，他们的出生则是有计划的。鉴于母亲生第一个孩子的平均年龄增长了十到十五岁，学生家长也换了一代人，而其中半数以上是离异的。难道他们丢下孩子不管了吗？

他和她不再有同样的世系。

他们的前辈当年聚在文化单一的教室或阶梯大课堂里上课，今天，他们读书的地方是多种宗教、语言、籍贯和习俗并行的一个集体空间。对他们和他们的教师而言，多元文化是一种准则。在法国，那种所谓外国人"血统不纯"的可耻调子，还能唱多久？

他们不再有同样的全球世界，不再有同样的人类世界。他们周边，那些来自相对贫穷国家的移民子女，倒是经历了与他们正好相反的人生阅历。

至此暂作一小结。这些幸福的人，未曾体验过乡野、家畜、夏收、兵燹与冲突、墓地、受伤、挨饿、祖国、血染的旗帜、死难者纪念碑……，从未在苦难中经历一种道德的生死存亡，他们所理解的将是怎样的文学和历史呢?

以上是身体部分；以下是知识部分

他们的先祖在几千年的时间跨度内创建了他们的文明，其中最耀眼的是古希腊拉丁文化、犹太圣经、楔形文字板、短暂的史前史。但从今以后，他们以亿万年计算的时间跨度，穿越星球吸积①、物种进化、百万年的古人类学，一直上溯到普朗克壁障②。

---

① 吸积（accrétion）：致密天体通过引力"吸引"和"积累"周围物质的过程称为吸积，广泛存在于恒星和行星的形成以及其他天体活动中。

② 普朗克壁障（barrière de Planck）：德国物理学家、量子力学创始人马克斯·普朗克（Max Planck，1858—1947）提出空间和时间的不可分割量子（也就是最短的空间（转下页注）

因为不再生活在同样的时代，他们经历的是另一部完全不同的历史。

他们被媒体格式化了，而成年人在传播这些媒介时也一点点毁掉了他们的专注力，据官方数字统计，画面时间缩短为七秒，回答问题的时间缩短为十五秒；而其中重复最多的词是"死亡"，出现最多的画面是尸体。从十二岁起，这些成年人就强迫他们看两万多个凶杀案。

他们被广告格式化了：如何教他们法语中的"relais"［中转站］这个词呢？此词词尾写做

（接上页注）距离单位和最短的时间单位）之后，人们将之称为宇宙物理学上的"普朗克期"（Ère de Planck），由普朗克时间和普朗克长度构成，是迄今物理学能够计算出的宇宙历史的最早时间段。普朗克时间为 10 的负 43 次方秒，被认为是最短的时间间隔，没有比这更短的时间存在；普朗克长度为 10 的负 35 次方米，没有比这更短的距离存在。这就是说，在宇宙起源方面，人类的知识止于这个时间点，尚无法逾越"普朗克期"，因而无法知道普朗克时间之前发生的事情，无法精确追溯到大爆炸真正开始的时刻。故称"普朗克壁障"。

"-ais"，而每个火车站的广告上都是"-ay"。如何向他们传授公制（système métrique），而法国铁路公司向他们兜售的是"笑容"①?

是我们，这些成年人，把我们的景观社会变成了某种教学社会，而它的令人窒息的竞争性，带着一种自负的无知，遮蔽了大中小学。很久以来，在听与视的时间上，在吸引和重要性方面，传媒早就夺走了教育的功能。

我们的教师队伍，尽管按人口比例保持着近期诺贝尔奖和菲尔兹奖的获奖世界纪录，却因为穷和低调而饱受批评、蔑视和诋毁，他们成了当今那些强势、富有而又声大如雷的"教育家"最不要听的人。

---

① 此处系作者针对铁路公司广告中的文字游戏而作的调侃。S'Miles 是法国铁路公司向顾客发行的优惠卡，积分越高，享受优惠就越多。S'Miles 由英语 smile［微笑］转写而来，故作者戏言铁路公司向顾客兜售"微笑"；而 S'Miles 这个广告用词中又包含 Miles，为英制长度单位英里的复数（1 英里等于 1.609344 公里），故作者反问如何向年轻人传授国际化的公制度量系统。

所以，这些孩子是生活在虚拟中的。认知科学显示，使用互联网，用拇指阅读或书写信息，查询维基百科或脸书，跟使用书籍、黑板和作业本所刺激的神经元和大脑皮层是不同的。他们可以同时操纵几个信息，不再像我们这些前辈那样去认识、归纳和概括事物。

他们的大脑完全不同了。

通过移动电话，他们可以和所有人通话；借助全球定位系统，他们可以到达任何一个地方；上网查询，他们可以获取想知道的一切：他们出没在一个天涯咫尺的拓扑空间里，而我们则生活在一个以距离为参照的度量空间里。

他们所处的空间完全变了。

在我们毫无察觉的情况下，一代新人在1970年代这个短暂间隙里诞生，而这个短暂的间隙也将我们分隔开了。

他或她不再有同样的体格、寿命，不再用同样的方式进行交流；他们看到的是另一个世界，生活在另一个自然界，处在另一个空间中。

他们在硬脊膜外麻醉下出世，按计划程序出生，面对的不再是姑息治疗下的死亡恐惧。

他们和父母不再是同一副头脑，他或她认识事物的方式已迥然不同。

他或她的书写方式也变了。每当我带着敬佩的心理，观察他们用两个拇指，以我的僵硬手指永远达不到的速度发送比如说短信（SMS）时，作为祖父，我用我所能表达的最温柔的方式把他们命名为"拇指女孩"和"拇指男孩"。对，这就是他们的名字，比那个假作渊博的老词儿"打字员"好听多了。

他们不再说跟我们一样的语言。自黎世留时代以来，法兰西学院几乎每隔二十年就出版一部参照性的《法语词典》。前几个世纪，两次出版的差别仅在四千到五千词之间，这个数字基本上是稳定的；然而，上一部和即将问世的一版词典，将会有三万五千个词汇的差别。

按这样的节奏，我们可以设想，今天，我们对克雷蒂安·德·特鲁瓦或茹安维尔①使用的古法语有多陌生；很快地，明天，我们的下一代也会与我们使用的语言有多隔绝。这个梯度，对我所描述的嬗变几乎做了照相式的说明。

这一涉及到大多数语种的巨大差异，部分归因于近年和今天行业之间发生的断裂。小拇指和他的朋友将不再为同样的工作而殚精竭虑。

语言变了，活计也不相同了。

个体

更有甚者，这两个人如今都成了个体。纪元之

① 克雷蒂安·德·特鲁瓦（Chrétien de Troyes）：12 世纪法国行吟诗人，被认为是"亚瑟王传奇"的创始人和中世纪"骑士小说"的先驱之一。茹安维尔（Jean de Joinville，约1224—1317）：法国作家，宫廷史官，因给法王路易九世立传而留名于世。

初使徒保罗①发明的个体，直到近口才呱呱坠地。从往昔到不久前，我们的生活是有所属的：法国人、天主教徒、犹太人、新教徒、伊斯兰教徒、无神论者、加斯科涅人或庇卡底人、女人或男人、穷人或富人……我们从属于某个地区，某种宗教，某个乡村或城市文化，某个团队、社区、性别、方言、政党以及我们的祖国。然而，旅行、图片、网络以及可恶的战争，使几乎所有这些集体都崩溃瓦解了。

仅存的也变得摇摇欲坠。

个体不再懂得夫妻相处，于是分手离异；个体不再懂得规规矩矩坐在课堂上，于是乱说乱动；个体也不会再到堂区教堂里做祷告了。去年夏天，我们的国家足球队队员们不懂得共建团队精神②；我们的政治家们又懂得建立一个可信的政党或一个稳

---

① 使徒保罗（saint Paul）：犹太人，希伯来文本名扫罗，又称大数的扫罗（Saul de Tarse），生活于公元 1 世纪，早期基督教最有影响力的传教士之一，所著宣教书多达十四部（含归于其名下的著作），载于圣经新约。

② 2010 年，法国国家足球队勉强挤进南非世界杯决赛圈，随后又由于团队内部发生内讧和罢训等事件，致使法国队军心涣散，在小组赛中被淘汰出局。

13

定的政府吗？人们讲意识形态到处都消亡了，其实是它们所征召的归附人群消失了。

看起来，这个个体新生儿的诞生更像是一件好事。那些牢骚满腹的老一代人说这代人的弊端是"自私"，但较之出于附属关系的力比多或为之而犯下的罪行（造成几亿人死亡），我从内心里更喜欢这些年轻人。

虽是这么说，我们还得发明新的关系。脸书（facebook）几乎将全球人一网打尽，便证明了这一点。

就像一个没有化合价的原子，拇指一代是赤身裸体的。而我们这些成年人，也并没有发明任何新的社会关系。到处充斥怀疑、批评和愤怒，反而对此起了推波助澜的破坏作用。

这些演变在历史上极为罕见，我将其称为"人类新生"，它们在我们的时代和我们的群体中制造了一道裂隙，这道裂隙是如此巨大，如此显著，堪比新石器时代、基督纪元之初、中世纪末和文艺复兴时代那些显而易见的裂隙，但却甚少有目光敏锐者对它做出准确的估量。

处在这个断层下盘的，正是一些我们声称要传播知识的年轻人，他们虽然身在教学楼、操场、教室、阶梯大课堂、校园、图书馆、实验室，乃至知识……这样一些框架之中，但对这些框架的起始年代，他们已经弄不清了。我强调的是，这些框架来源久远并适应于一个时代，那个时代的人和世界都不是今天这个样子。

比如说，我们提三个问题。

传授什么？传授给谁？如何传授？

传授什么？知识！

从前，知识的载体就是智者的身体，吟游诗人也好，非洲巫师也好，一个活生生的图书馆……这就是一个教育家的教学之躯。

渐渐地，知识在客体化，首先出现的是卷轴、犊皮纸或羊皮纸，即书写载体；继而，从文艺复兴开始，出现了纸质书籍，即印刷载体；到了今天，又出现了互联网，即信息与资讯载体。

载体-信息两者联结，其历史演变恰恰是教育职能的变数。如此一来，教学至少发生了三次变化：借助文字，希腊人发明了 *paideia* ［教育，教化］①；随着印刷术的出现，各种论教育的专书如雨后春笋大量出现。那么今天呢？

我再说一遍。传授什么？知识？互联网上已经到处都是，客体化了，随时可取。把知识传授给所

---

① *paideia* 这个词，其初始语义是"养育孩子"，引申为教育。历史上，*paideia* 指的是古代雅典的一种教育体系，其教学范围广泛，包括文法、修辞、数学、音乐、哲学、地理、自然史和体操等，宗旨是通过知识传授来培养情操和育人；雅典民主时代更是将 *paideia* 作为培养好公民的途径。

有人？从今以后，所有知识向所有人敞开。如何传授？这事已经做完了。

找人用手机；想去某个地方，用全球定位系统；今后，通往知识的途径也向人们敞开了。从某种角度讲，知识一直并且到处都已在传授。

客体化是无疑的，不仅如此，知识还广为传播，而非集中起来。我说过，我们曾生活在度量空间中，这个度量空间的参照物是一些中心和汇集区。一所学校、一间教室、一个校园、一座梯形教学大厅，这就是汇集人员、学生和教师的地方，正如图书馆是汇集书籍的地方，实验室是汇集器材的地方……如今，知识，以及这些参照物，这些文本，这些词典，都被分送到每个角落，尤其是送到了您的家门口——乃至观测台！更有甚者，您走到哪儿，就送到哪儿。在这种情形下，不管您的同事、您的学生走到哪里，您都够得着他们；而他们也能轻而易举对您做出回应。

旧有的汇集空间——甚至我现在说话，你们正在听讲的这个场所，我们在这里做什么？——也在稀释，扩散；我刚刚说了，我们生活在一个天涯咫尺的空间里，不仅如此，这个空间还是可分发的。我可以坐在家里或某个地点跟您通话，而您听我说话时则是在某个地点或在您家中。所以，我们跑到这儿来做什么呢？

千万不要说现在的学生缺少认知功能，掌握不了被如此分发的知识，因为恰恰是这些功能随着载体变化，并且被载体转化了。比如说，借助书写和印刷术，人的记忆力发生突变，以至于蒙田更希望拥有一副健全的头脑而不是一个装得满满的头脑。正是这个头脑刚刚再次发生了突变。

同样的道理，随着书写的发明和推广，希腊人发明了教育学（*paideia*）；后来，在文艺复兴时代，随着印刷术的出现，教育又发生了转变；现在，随着新科技的出现，教学则彻彻底底发生了改变，而新科技带来的新事物，不过是我提到的或者能够列数的十几二十条中的一种变数而已。

教育发生了如此关键的改变——这一变化渐渐波及世界社会的整个空间及其全部陈旧过时的制度，它并非只广泛触及教育，还同样触及到了劳动、企业、保健、法律和政治，一句话，触及我们的整个制度——我们已经感觉到有一种迫切的需要，但我们距离它还很远。

或许，这要归因于那些在最后几个步骤的过渡中拖拖沓沓的人还没有退休，而这些人是按照早已消亡的模式推行改革的。

半个世纪来，我在全世界几乎所有地区教过书，看到那里的裂隙和我自己国家的同样巨大，我承受并忍受了这些改革，它们就像把石膏敷在木腿上一样，完全是一种敷衍了事。更何况这些石膏对尽管是人工的胫骨也是有损的；敷衍总是适得其反，把试图加固的组织撕得更开。

是的，几十年来，我看到我们生活在这样一个时代，它可以和希腊人学会书写和论证之后的教化初期相比拟，亦类似于见证了印刷术诞生和书籍始独步天下的文艺复兴时期。然而，我们这个时代又是难以比较的，因为在技术突变的同时，身体也变形了，由此改变了出生与死亡、伤痛与痊愈，职业、空间、居住形式以及在世的存在（être-au-monde）都彻底变了。

小记

面对这些突变，毫无疑问，应该打破陈旧过时的框架，进行一些难以想象的创新，因为那些框架仍然在对我们格式化，束缚着我们的行为、我们的媒体以及湮没在景观社会中的各种计划。在我看来，我们的制度就像那些被天文学家告知早已死亡的天体一样，黯淡无光。

为什么创新没有出现呢？我想恐怕要怪的是哲学家，而本人正是其中的一位，哲学家的使命是对知识和未来之实践作出预见，可看起来，他们失职了。他们每天投身于政治，却听不到当代人的脚步声。

如果说我给这些成年人，包括我自己，大致画了一副肖像，那么，这副肖像并不怎么讨人喜欢。

既然一切要重新打造，既然一切都还有待发明，我恨不得自己也跟拇指女孩和拇指男孩一样，正当十八岁！

但愿生命留下的时间还能让我跟这些年轻人一道为之努力，我把一生献给了他们，因为我一直怀着敬意爱戴他们。

第二章

学校

拇指女孩的脑袋

在《金色传奇》这部书中，雅克·德·渥拉金①讲道，在图密善皇帝颁令实行迫害的年代，卢泰西亚②发生了一个奇迹。罗马军队在那里逮捕了被巴黎最早的天主教徒推选为主教的德尼。德尼被囚禁在西岱岛，受尽酷刑，最后被判处死刑，推到

---

① 雅克·德·渥拉金（Jacques de Voragine，约1228—1298）：中世纪意大利多明我会修士，教会编年史作家，曾任热那亚大主教。所著《金色传奇》专述基督教圣徒和圣女事迹，包括他们受罗马人迫害的史事。

② 卢泰西亚（Lutèce）：公元前52年罗马人征服高卢后给巴黎起的名称。

后来被称作蒙马特的高地上斩首处决。

　　出于懒惰，大兵不愿意爬那么高，于是在半路上处决了他。主教人头滚落地上。恐怖至极！可是，身首异处的德尼却重新站了起来，他拾起自己的头颅，拿在手上，继续往高坡上攀爬。太神奇了！军团士兵们吓得四处逃窜。作者接着写道，德尼停了一会儿，在一处泉水洗净他的首级，然后继续朝前走，一直走到今天的圣德尼省。他被封作了圣人。

　　拇指女孩打开电脑。虽然记不得这个传说了，她却满可以认为自己的脑袋就在面前，拿在自己手里，装得满满实实，里面储存了大量信息，同时却不失为一个健全的头脑，因为各种搜索器在里面接连打开文件和画面；更有甚者，十个软件可以在里面以她自身无法达到的速度处理无以计数的资料数据。就这样，她手持这个身体以外的，从前却是内在的认知力，正如圣人德尼端着他从脖子掉下的首级。我们是否可以想象一个被斩首的拇指女孩？和

26

一个奇迹?

最近，我们都像这个拇指女孩一样，成了圣德尼。从我们那骨质的、布满神经元的头颅中，智慧的脑袋走了出去。我们手中的电脑壳装载和驱动的，其实是从前被我们称作"认知力"（facultés）的东西：一个是记忆力①，比我们的强上千倍；一个是想象力，配以数以百万计的图标；再一个是理性，既然那么多的软件能够解决我们连百分之一都解决不了的问题。我们的脑袋被抛到了我们面前，成了一个客体化了的认知盒。

身首异处之后，我们肩上还剩下什么呢? 创新的、富有活力的直觉。掉进盒中，这种学艺过程给我们留下了发明的无穷喜悦。小心：我们非要变聪明不可吗?

我说过，当印刷术出现时，比起积累的知识，

---

① 记忆力：原文（la) mémoire，名词，阴性。此处语义双关。这个法文词通常指记忆和记忆力，在康德以及德国古典哲学术语中指认知力的一种；而在当今电脑技术中指"内存"。

蒙田更倾向于拥有一副健全的头脑，因为此种业已客体化的积累就在书中，在他的图书馆的书架上。在古登堡①之前，一个人想从事历史研究，必须对修昔底德和塔西佗了如指掌；对物理学感兴趣，必须熟知亚里士多德和古希腊那些力学家；若想在雄辩术方面出类拔萃，则必须对德摩斯提尼和昆提良②无所不知……也就是说，脑子要全副武装。从经济学角度看，大脑记住一本书在图书馆书架的哪个位置，要比记住这本书的内容更节约成本。而新经济学则颠覆了一切，甚至没有人再需要记住那个位置了，搜索引擎承担了一切。

从此以后，拇指女孩被割掉的脑袋和老一代人

---

① 古登堡（Johannes Gutenberg，约 1400—1468）：第一个发明活字印刷术的欧洲人。其发明的金属活字印刷被视为文艺复兴的一件大事，这种活字印刷术随后在欧洲迅速普及，对知识传播、启蒙运动和科学革命起了重大推动作用。

② 德摩斯提尼（Démosthène，前 384—前 322）：古希腊雅典政治家和著名阿提卡演说家之一。传说他先天口吃，曾含石子诵诗以训练口齿。昆提良（Quintilien）：公元 1 世纪拉丁教育家和修辞学家，所著《演说的制度》（De institutione oratoria）一书对后世修辞学和演说术影响深远。

宁愿健全而不需装满的头脑区分开来了。既然知识已放在那里，在眼前，客观的，蒐集起来的，集体的，在线的，可任意获取的，被多次查看和检查过了的，拇指女孩也就没有必要再为涉猎知识而苦苦学习了，她可以转过身来，面对那个凌驾于她的断颈之上的空洞的残肢。那里，空气流过，风吹过，好在还有一簇光，那簇光是学院画家博纳在巴黎先贤祠墙壁上描画圣德尼奇迹时留下的一笔。那才是新天才、创造力、真实可靠的认知主体性之所在。小姑娘的独创性躲进了这半透明的空洞中，沐浴着美好的熏风。知识几乎是毫无成本的，但掌握它也并非那么容易。

拇指女孩要庆祝知识时代的终结吗？

硬与软

人类这一关键性的改变是如何发生的呢？我们禁不住要这样想，这些演变是围绕硬物发生的：由于具体而实用，榔头和镰刀这类工具对我们意义重大。我们甚至用它们的名称命名了历史上的几个时代：近的如工业革命，远的如青铜与铁器时代，新石器或旧石器时代。多少是出于盲目和闭塞，相对于这些可触摸的、坚硬的、实用的机械，我们对软性的符号却重视不足。

然而，文字的发明以及晚些时候印刷术的出现，比起工具来，给文明和群体带来的震动更为巨大。刚性显了其对世间之物的效率，而柔性则在人类的制度上显其功效。技术（techniques）引导或假设的是硬科学，而工艺学（technologies）则是假设并引导人文科学、公众集会、政治和社会。没有书写文字，我们会集中到城里来吗？会规定一种权利，建立一个国家，创立一神论和历史，发明叫做教化（paideia）的精确科学吗？……我们会确保它们的延续性吗？没有印刷术，文艺复兴时代——名字起得多好，我们会整个的改变这些机制和集会吗？正是柔的部分组织起并联合起那些使用硬件的人。

用不着总去怀疑，今天，我们确实是作为书籍和文字的儿孙生活在一起的。

页面空间

如今，以印刷形式出现的文字到处都被投放到空间里，以至于充斥了空间，遮蔽了风景。广告招贴，路牌，指示大街小巷的箭头，火车站时刻表，体育场记分牌，歌剧院翻译提示，犹太教堂里的先知经卷，基督堂里的福音书，校园里的图书馆，教室里的黑板，阶梯大课堂里的 PowerPoint［图文演示程序］①，报纸，杂志……：页面操控我们，引导我们；屏幕则复制了页面。

乡村地籍，城区或城市规划图，建筑师蓝图，建筑草图，公共场馆和私人房间图纸……都以编了页码的美妙格子模拟着我们祖先规划的区田（pa-

———————

① PowerPoint：全称 Microsoft Office PowerPoint（微软力点软件），微软公司开发的图文演示程序，用户可将文字、图像、影片等安置在页面，做成"幻灯片"的形式，在投影仪或电脑上演示，是目前各种演示场合应用最广的软件。

gus）：播种苜蓿的方块田，或者是农民的犁铧常常在硬土上留下痕迹的小块耕地。犁沟已在这切割的空间里写下它的字行。这就是感知、行动、思考、规划的空间单位，这也是垂数千年而不衰的格式，对我们这些人，至少是西方人来说，就像六边形蜂室对蜜蜂一样意味深长。

新科技

这一页码-格式如此控制我们，又如此不为我们所察，所以新科技尚无法摆脱它。电脑屏幕——它本身也像打开一本书一样——是对书的一种模仿，拇指女孩也还是用十根指头在上面写字，或者是用两个拇指在手机上敲字。工作一结束，她就急着打印出来。不管是哪路革新者，都在寻找新的电子书，而电子技术还没有能够摆脱书籍，尽管它带来了书籍以外的东西，带来了超越书页历史格式的东西。这东西还有待于发掘，拇指一代会帮助我们的。

记得几年前，在我执教了三十年的斯坦福大学校园里，我惊讶地看到，毗邻原先的主方院，矗立起几幢由它附近的硅谷亿万富翁资助的计算机大楼，其钢筋、混凝土和窗玻璃几乎和其他那些一百年来人们传授机械工程学或中世纪史的红砖建筑如出一辙。同样的地面设计，同样的大厅和走廊：仍然是受页面启发的格式。仿佛新近的革命，虽然至少跟印刷和文字革命同样强有力，但对知识和教育，对早先经由书籍并为了书籍而发明的大学空间本身，并没有改变什么。

不，新科技必然要走出这种受到书籍和页码牵连的空间格式。但如何走出呢？

一段简史

首先，常用工具外化了我们的体力，即刚性之物；肌肉、骨骼和关节从身体分离出来，走向简单的机械，即那些模仿筋骨运行机能的操纵杆和复滑车；而发自我们机体的动力源——高热量随后走向了动力机。新科技最终外化了流动于神经元系统的信息和活动，也即资讯和密码——柔性之物；一部分认知则最终走向这一新工具。

那么，今天，巴黎的圣人德尼，还有那些男孩女孩们的断颈上还剩下什么呢？

拇指女生的沉思

我思：我的思有别于知识和知觉程序——记忆，想象，演绎推理，敏感，几何学……全都外化了，连同神经轴突的突触及神经元，都被外化到电脑之中。更精彩的是，如果我排开这种知识和知觉，从中脱离出来，我便开始思考，发明创造了。我皈依了这虚空，这触不到的空气，这灵魂（"灵魂"这名称本身就意味着风），我思就比这客体化的柔性之物更柔软；而我一旦抵达这虚空，便进入了创造。请不要再从我的头脑，以及它密集的填充和奇异的认知外形来辨认我，而是从它的非物质缺失，从源自剥离的透明之光来辨认我。从这空无来辨认我。

假如蒙田当初对头脑如何才能武装得更好做出解释，他定会为此画一副表格，而填满了知识的头脑便会卷土重来。今天，若要我们描画这个空洞的脑袋，它仍然会脱落出去，掉入电脑。不，不是砍掉它，换上另一个脑袋。我们不必面对虚空徒添烦恼。让我们拿出勇气来吧……知识及其格式，认知及其方法，还有那些浩如烟海的细节和精彩的概括，都已被我的前辈们当作护身法宝收集起来，堆积在页脚注释以及大量书籍文献目录中了，而他们又总是指责我忘了去做，所有这一切，都在圣德尼的施刑者们的一剑之下落入了电子盒中。奇特，近乎野蛮，**自我**［ego］竟从所有这一切抽身出来，甚至飘然入于虚空，入于它那白而天真的无用性之中。创造性的智能从此取决于它跟知识之间的距离。

思维主体变了。那些活跃在断颈的白光中的神经元，已经不同于前辈脑壳中书写和阅读所参照的神经元了，它们在电脑中噼啪作响。

由此出现了新型的知性自主，与之相应的是不受拘束的肢体动作和一片嘈杂之声。

声音

直到今晨，含今晨在内，教师在教室或梯形大课堂里传授的知识，部分还是书本中早已存在的知识。他口述文字，这还是一种页面来源。如果他想创新，这是罕见的事，那么他明天就得撰写出一份主页来。他的讲坛一直是这种传声筒发声之地。为发送他的声音，他要求大家肃静。现在，这一点他再也做不到了。

从儿童时代上初级班和预备班开始，这种被称作闲聊的浪潮就已形成，到了中学时代，它涨成了海啸；最近，它又波及了高等学府，泛滥于阶梯大课堂中，使大课堂有史以来第一次充满了不绝于耳的嘈杂声，以至于听讲变得极为艰难，书籍的古老声音无法辨听了。这一现象已相当普及，足以引起我们的关注。拇指女孩不读也不想听口述的文字。

从前被一则广告画得像狗一样，现在不听主人的话了。三千年来一直被强迫闭嘴的拇指女孩和她的兄弟姐妹们，从今以后齐声制造出一种背景声音，把文字的传声筒震聋了。

为什么拇指女孩也在闹哄哄的同学中间说个不停呢？因为所宣布的知识，人人都已经有了。完完整整，随时可取，就在手边。借助互联网、维基百科、手机，通过任何一个门户网站都可以抵达。有解释，有资料，有插图，不比最好的百科辞典错误更多。没有人再需要昔日的传声筒了，除非有一种，独特而罕见，能有所发明创造。

知识的时代终结了。

供给与需求

这种新的混乱，就像开天辟地之混沌一般原始，预示了一种回归，首先是教育方面，其次是政治的各个层面。从往昔到不久前，授课意味着供给。这种供给是独家的，半导体式的，从不考虑要不要倾听需求方的意见和选择。这就是知识，储存在一页页书中，传声筒如是说，一边还指着它，读着它，说着它；你们好好听，然后再好好读，如果愿意的话。总之，保持肃静。

供给说了两遍：闭嘴。

但这种事结束了。课堂聊天，用它的巨浪拒绝了此种供给，为的是宣布、发明和介绍一种新的需求，当然是另一种知识需求。大逆转！过去，我们这些讲课的教师没有人会询问这些受教育者是否真正需要这种供给；现在，轮到我们来倾听此种议论纷纷的需求背后那含糊不清、乱糟糟的流言蜚语了。

为什么拇指一代对传声筒所说的一切越来越不感兴趣呢？因为，面对知识供给大幅度增长，随时可得，随地可取，那种定期的特殊供给变得微不足道了。如果一个人必须出门才能发现少见的、隐秘的知识，那问题就大了。从今以后，知识极大丰富，伸手可及，包括拇指女孩掖在口袋里或藏在手帕下的微容量。通往知识的大潮与闲聊之巨浪掀得一样高了。

无需求的供给已在今晨寿终正寝。继之而来并取而代之的巨大供给，反而在需求面前退潮了。这就是学校的真实状况，而我要说，它也正在成为政治的实情。如此说来，专家的时代终结了？

小雕像

那只端坐的小狗，耳朵和口鼻钻在传声筒里，一动不动，听得聚精会神。从儿童时代起，我们就乖得像个布娃娃，虽然还是孩子，已经开始了我们漫长的板凳生涯，一排排坐着，一动不动，一声不响。我们从前的名字就是这样：小雕像（Petits Transis）。口袋空空，老实听话，不仅服从老师，更服从知识，因为连老师都在知识面前恭恭敬敬。不论是老师还是我们，都把知识看得威严而至高无上。没人敢写一篇文章，来说说膜拜知识的事情。有些人甚至被它吓坏了，不敢去碰，反而妨碍了学习。不是蠢，而是惊恐得不知所措。我们应努力理

39

解这一悖论：知识本是让人去接受和理解的，人反而不去了解它，甚至拒绝它，莫非知识令人害怕。

用高贵的大写字母拼成的哲学，有时甚至像"绝对真理"一样说话。它要求人们毕恭毕敬，弯腰鞠躬，就像我们的祖先在君权神授的国王的绝对权力面前卑躬屈膝一样。知识的民主从来没有存在过。这并不是说某些拥有知识的人也拥有权力，而是知识本身迫使人做出屈辱的姿态，包括那些拥有知识的人。最不被人看在眼里的身影，是教师的身影①，他一边讲课，一边示意人们看那缺席的、完全不可接近的绝对权威，而听得入神的人，身体一动也不动。

已被书页格式化的大中小学空间，又被身体姿势所体现的等级格式化了。安安静静，顶礼膜拜。所有人的聚焦都朝向传声筒所在的讲台，而传声筒

---

① 此处一语双关。"教师的身影"，原文 le corps enseignant；按作者（科学哲学家）的行文风格，此处当指教师的身躯，含人格及人作为思维能动主体的意义，但在日常法语中，此法文短语通常指全体教师或"教师队伍"。

则要求人们保持肃静和一动不动，在教学中，这无异于如法炮制了法庭之于法官、舞台之于戏剧、王室之于王位、教堂之于神坛、住宅之于家庭……也即从多到一的场景。一排排密集的座位，早就给那些洞穴-机构一成不变的跻身者安排好了。这就是判处圣德尼的法庭。如此说来，表演者的世纪结束了？

身体的解放

新鲜事物。由于获取方便，拇指女孩和所有人的口袋里、手帕下都掖满了知识。身体可以从洞穴中走出来了，不用再被注意力、肃静和弯腰姿势像锁链那样捆在椅子上。强迫身体重新回到原处，它们也不会在椅子上原地呆着不动了。这不是大逆不道吗，有人这么说。

不。从前的阶梯大课堂就像一个力场，其乐队重心在讲台上，位于讲座的聚焦点，可以恰如其分地称之为 *power point*［**力点**］。只有那个地方高强度地聚集着知识，外沿几乎什么都没有。但今后，知识到处传播，扩散在一个均匀的、非中心化的空间里，其流动完全自由了。往日的大厅已经死了，尽管我们看到的还只是它，我们会建造的也只是它，而景观社会还试图把它强加给我们。

如今，身体被动员起来了，走来走去，做着各种动作，打电话，互相询问，心甘情愿地交换在手帕下面发现的东西。闲谈代替了肃静，叛逆代替了一成不变？不。拇指一代从前是囚犯，被锁链捆在几千年的洞穴里，安安静静坐在他们的位置上，一动不动，嘴巴上了封条，屁股挪也挪不得；而今，他们挣脱锁链，自由了。

机动性：驾驶员和乘客

成为中心或焦点的教室和阶梯大课堂，其空间也可以被描绘成一种交通工具的内部：火车、汽车、飞机，乘客一排排坐在车厢、机舱或机身里，听任驾驶员把他们带向知识。您看看乘客的身子，疲疲沓沓，露出肚皮，目光茫然呆滞；反倒是驾驶员，弓着背，两臂伸向方向盘，神情主动而又专注。

当拇指女孩使用电脑或手机时，两者都要求操控者身体保持紧张活动的状态，而不是乘客那种放松的被动状态：这是需求而非供给。她弓着腰，而不是肚皮朝天。让我们把这小人儿推进课堂吧，因为习惯了驾驶，她的身体将承受不了长时间坐在被动的乘客座位上；既然没有机器让她驾驶，她便活动起来。怨声四起。那就往她手里放一台电脑吧，她将重新找回驾驶之躯的身体语言。

剩下的只有驾驶员和运动机能；观众不存在了，剧场空间被活动着的演员占据了。法庭没有了法官，只剩下一些活跃的演说家；神堂没有了神父，圣殿里只有布道者；阶梯大课堂没了老师，到处都是教授……还有，我们必须要说的是，政治竞技场上不再有强者，今后，占据它的是那些果断的人。

决策人的时代结束了。

第三教育

拇指女孩在她的机器里搜索并找到了知识。在渠道稀少的年代，知识的提供几乎只能是支离破碎的。学术分类一页页分配给每个学科自己的那一份，包括它的科室、场所、实验室、图书分片、经费、传声筒及其行会主义。知识被分割成了一个个小山头。现实就这样四分五裂了。

例如，河流消失于一些分散的凹地，而这些凹地只是地理学、地质学、地球物理学、流体动力学、冲击层结晶学、鱼类生物学、钓鱼术、气候学意义上的，还不算灌溉平原农艺学、城市被淹史、水岸居民之间的争强斗胜，还有那些便桥、船歌和米拉波桥……通过混合，归纳，融合，将这些碎片兼收并蓄，使那些四散的肢体汇集成活生生的流动水体，知识的通途也许能使居于河上成为一种可能，因为河水终于满了，到位了。

但是，如何将各种分类融合起来，打破界限，汇

44

集已被裁成各种规格的页面？如何将大学的各个平面图叠放在一起，联通所有阶梯大课堂，垒起二十个系？如何让那么多的高水平专家融洽相处，而每一位都认为自己把持着智慧的绝对定义？如何改变大学校园的空间，它本是仿照古罗马军队构筑营地的格局而来的？我们知道，两者皆由标准的走道划成一块块方格，分作兵营，或作与兵营并列的花园。

回答是：倾听来自需求、世界以及居民的背景噪音，跟随新的肢体动作，努力阐明新科技带来的前途。怎么？又要来一次吗？

杂乱对抗分类

换一种说法，如何——唉，这又是悖论——描画布朗运动①？我们至少可以凭布西科式的偶

---

① 布朗运动（mouvement brownien）：英国植物学家罗伯特·布朗（Robert Brown，1773—1858）于 1827 年用显微镜观察到悬浮在液体中的微粒子不停地呈现不规则运动。这一发现后来用于分子物理学研究，被称为"布朗运动"。

然发现①来使之受人青睐。

作为美廉百货公司（Le Bon Marché）的创始人，布西科起初是按整整齐齐的货架和货柜来分类商品的。每样东西安安静静呆在自己的位子上，分门别类，井然有序，就像成排而坐的小学生，或壁垒森严的古罗马兵营里的军团士兵。"类别"这个词最初的含义是指排成紧密队列的军队。然而，布西科的大商店——在以**女人的幸福**为宗旨这一点上，它具有与大学以满足求知欲为目标同等的普世意义——由于首次汇集了老主顾们所能梦想的一切，食品、服饰、化妆品等应有尽有，结果很快就大获成功，布西科发了大财。左拉的小说里写了这个发明家，讲他在销售额到顶久不上升的日子里，他是如何的发愁。

一天早晨，他突发灵感，打乱了井然有序的分类，把商店的一条条走道变成迷宫，把货架变成乱

---

① 布西科（Aristide-Jacques Boucicaut, 1870—1877）：法国商人，于1852年在巴黎创立世界第一家百货公司"美廉百货公司"（Bon Marché）。

摊子。拇指女孩的奶奶原是来买大葱回家做汤的，因为商场设计得巧，她得从摆卖绸缎和花边丝带的货品部经过，结果，除了蔬菜，她还采购了女内衣……可见销售火到了爆棚。

杂，有着不为理性所知的美德。秩序是有效、快捷的，却可以造成束缚；秩序对运行起推动作用，最终却使它僵化。"列单打勾"（check-list）式的审核对运行是必不可少的，却也可能是创新发明的杀手。相反，空气透入无序，犹如钻进有游隙的仪器，正是这个游隙激发了创新。在脖子和断头之间出现的，是同样的游隙。

让我们跟着小拇指一起游戏，也来听听布西科那种意外发现的直觉（后来所有商店都采取了此法），打乱科学排位，把物理系和哲学系并放一起，让语言学去面对数学，化学紧挨着生态学。细节也要修剪一下，捣碎菜单内容，以便某某研究员能在自己门前遇上来自一片离奇天空，讲着不同语言的另一位研究员。不用吹灰之力他便可以远游他方了。如此一来，古罗马军团那种纵向四列及分成方阵的极为理性的**要塞**（*castrum*）布局，就被各种碎片组成的镶嵌画取代了，成了某种万花筒，细木镶嵌艺术和百花罐。

"**第三受教者**"① 已经梦想了一种大学，其空间是混合的、带斑点的、闪色的、云纹的、五彩斑斓的、布满星座的……，完完全全如同一片风景！昔日，去见一个人需要走很远的路，不想听别人讲话就躲在家里，现在可好，你不用挪步，他已经如影随形跟在脚边了。

那些致力于挑战一切分门别类的人，那些随风

---

① 本书作者另著有《第三受教者》（*Le Tiers-Instruit*）一书，由法国专出人文科学书籍的布林出版社（Éditions François Bourin）出版，1991 年，巴黎。该书认为，现代教育不应是分门别类的，而应该是各种学科和各种文化交叉、融合、汇流在一起的。作者在书中论述了此种新教育模式的前景，并名之为"第三教育"。参看本书第 44 页以下，第二章相关章节《第三教育》。顺便说说，出版赛氏《第三受教者》一书的布林出版社因常年亏损，已在 2013 年宣布破产，由另一家总部设在波尔多地区的社科出版社水浒出版社（Éditions Le Bord de l'eau）并购后继续经营，现每年出版社科书籍四十余种。

播种的人，丰富了创造性，而伪理性方法却从来就没起过好作用。如何重新设计页面？忘掉理性秩序。当然，秩序还是要的，但不能配上理性。应该改变理性。唯一本真的智力行为，是发明创造。所以，最好还是把我们的偏好给予迷宫般的电子芯片吧。布西科万岁！我奶奶万岁！拇指女孩大声叫道。

抽象概念

概念这东西，有时是很难形成的，那么我们是怎么想的呢？告诉我，美是什么概念？拇指女生回答：一个漂亮女人，一匹英俊的牝马，一道美丽的曙光……别说了，瞧你，我问的是概念，你却给我列举了上千个例子，唠叨起你那些女孩子和小马驹来，还有完吗！

这样一来，抽象的观念便相当于思想的宏观经济学：美手持一千零一个美人，正如几何学家的圆

49

包含了数不尽的圆圈。假如当初我们必须列举那些数目庞大无边无际的美人和圆圈，也许我们根本就写不出一页书来，更遑论读书了。进一步讲，我若不求助于观念这东西，我就无法限定页面，但观念是会堵住那不加限定的泛泛列举之漏洞的。所以抽象成了一个塞子。

我们还需要这个塞子吗？我们的机器浏览得如此之快，可以无限地数出特殊个例，并且懂得在独创性前停下来。如果说光的图像还能被我们用于阐明，我是否可以说，对于知识，我们的祖先选择了明晰，而我们自己则更倾向于选择它的速度。有时，搜索引擎可以取代抽象。

如上文提到的主体，认知的客体也刚刚发生了变化。对于概念，我们并不是非有不可。有时需要，但不是总是需要。必要时，我们可以久久逗留在故事、案例、特性乃至事物的面前。无论在实用方面还是理论上，这是个新事物，它使描述性的和个体的知识重新获得尊严。这么一来，知识便可以将它的尊严奉献给可能的、偶然的、特殊的各种模式。又一次，一些等级崩溃了。今后，数学家也成了混乱专家，连他自己都不能轻视 SVT① 了，SVT 已经以布西科的方式实践了混合，它早就应该全面贯彻到教学中去，因为，如果我们以分析学的方式去裁剪活生生的现实，现实就会死去。还是那句话，理性秩序固然还是有用的，但有时已显得陈旧过时，要让位给新的理性，要迎接具有独特性的具体事物，这种具体事物理所当然是迷宫般的……迎接叙事。

建筑师打乱了大学校园的划分。

流动空间，口头传播，自由运转，分科课堂之终结，杂乱的分配，奇遇式的偶然发明，光的速度，主客体的新意义，对另一种理性的探索，诸如此类：知识的传播不能再发生在世界上任何一所大学的校园里了，因为它们太井然有序，一页页被格

---

① SVT：Sciences de la Vie et de la Terre［生命与地球科学］的缩写，法国中学和部分专科学校近年逐渐开设这门学科。

式化了，完全是老式的理性设置，是对古罗马军队兵营的模仿而已。这就是从今天早晨起，年轻的拇指一代整个身心所在的思想空间。

圣德尼平定了罗马军团。

第三章

社会

为双向评分点赞

拇指女孩给她的老师们打分吗？不久以前，法国在这一点上发生过激烈而愚蠢的争论。当时，从远处观察，我感到十分惊讶：四十年来，我在其他大学教书，学生们一直都给我打分，我并没觉得很难受。为什么？因为，尽管没有法律规定，听课的人总是要对老师进行评估。以前，阶梯大课堂里总是人头攒挤，而今天早上只剩下三四个学生了，这就是从数量上做出了惩罚。或者说，从注意力上做出了惩罚：要么听讲，要么起哄。雄辩发源于听众的寂静，而听众因为有了雄辩才诞生，互为因果。

更有甚者，任何人任何时候都要承受一种评价：恋人面对他的爱人的沉默，供货商面对客户的大吼大叫，媒体面对收视率，医生面对过量的病人，当选人面对选民的惩罚。很简单，这是对政府提出了质疑。

这种评估的狂热，在可怜的妈妈和心理学推动下，很快就走出学校，占领了公民社会：争先恐后公布最佳销售名单；颁发诺贝尔奖、奥斯卡奖和各种假金属奖杯；给大学排名；给银行、企业评级，甚至给以往是主权独立的国家评级。翻着书页，读者，您此刻也正在对我进行评估。

人们在一种双面魔的催促下，说这个好，那个不好，这个是无辜的，那个是有害的。这么清晰明了，主要是为了区分哪个是随旧世界死去的，哪个是随新世界诞生的。今天，有一种颠覆应运而生，在打分者和被打分者之间，在掌握权力的人和庶民之间，促成了一种对称的往来，一种相互关系。确实，似乎所有人都相信，一切都是自上而下的，从讲坛向座椅，从当选者向选民；供给从上游而来，需求则在下游吞下一切。一些大超市、大图书馆、大老板、部长、国家要人……只要料到自己能力不足，就会在小格局、小人物身上来点恩惠，下一场及时雨。也许这样的时代曾经出现过，但它在我们的眼皮底下，在工作场所，在医院，在路上，在团体中，在公共广场，在所有地方，都结束了。

从那些半导体式的东西中解放出来，我指的是摆脱极不对称的关系之后，新的流通发出了几乎是音乐般的音调①。

为汉·波特点赞

汉弗莱·波特（Humphrey Potter），一个伯明翰小男孩，据说他用陀螺绳将蒸汽机手柄和他本该用手拉动的阀门连接了起来，为的是逃避一项枯燥乏味的工作，跑到一边去玩，结果他发明了一种反

———————

① 此处一语双关。音调（notes）一词在法语中与"打分"（note，复数 notes）词形相同。

馈，让自己摆脱了奴役。不管是真实的还是编造出来的，这个故事赞美了一个天才的早熟。在我看来，它更显示了一个工人，哪怕是个未成年者，并不缺少精确和因地适宜的才能，而在同一个场合，那些远远发号施令的决策者们只会叫工作人员做这做那，而不征询任何意见，因为他们事先就抱有成见，认为工人都是不称职的。汉·波特是拇指女孩的一个化名。

"雇员"这个词本身就已经表达了对他人的无能力推定：事实上，所谓"雇员"就是让他心甘情愿受剥削。就像病人被归结为一个需要修理的器官，学生被视为一只需要填灌的耳朵或者一张不出声只进食的嘴巴，工人被当成了一部需要管理的机器，只是这部机器比他自己操控的那部更加复杂一点罢了。从前，高高在上的是剪去了耳朵的嘴巴，下面的是闭上嘴巴的耳朵。

应该赞美互相监督。只有恢复两个层级的完整面目，最杰出的企业才会把工人置于实际问题的决策中心。企业远不是以金字塔方式组织有关流量的后勤保障以及有关复杂性的调节（层层调节，反而增加了复杂性），而是让拇指女孩现场监督自己的工作——故障更容易发现和修复，技术方案也能更快找到，生产率大大提高——不仅如此，拇指女孩还要检查她的代理人，这里指的是老板，说远一点，甚至是医生和政治家们。

工作的坟墓

拇指女孩寻找工作。而在她找到一份工作后，仍在寻找，因为她知道刚刚到手的这份工作随时都可能失去。而且，在工作中，为了不丢掉自己的岗位，她回应跟她说话的人，却不回答对方所提的问题。这种谎言如今相当普遍，给每个人都造成了损害。

拇指女孩觉得工作十分无聊。她的邻居是木工；以前，他收到从森林锯木厂运出的原木木板，要长时间晾晒后，才能根据订单要求，从这块宝贝中打造出板凳、桌子或门板。三十年后，他从工厂收到的是现成的门窗，只需在大型住宅的格式化门窗框上一装就完事了。他感到十分无聊。拇指女孩也一样。工程利润在上一级的调研室里就已资本化了。资本不仅意味着金钱的集中，还意味着水库里的水、地下的矿石、远离实际操作者的工程智库里的智能资源，全都要集中。所有人的无聊都来自这种集中，这种骗取，这种对利润的窃取。

1970 年以来，生产力直线上升，世界人口迅速增长，二者相加，使工作机会变得越来越少；一个贵族阶层会在不久的将来成为唯一的受惠者？产生于工业革命，效仿修道院时辰颂祷礼（又称日课）的工作，到今天是否渐渐在消亡？拇指女孩已经看到蓝领人数减少；新科技还会使白领人数迅速削减。随着产品泛滥于市场，环境因机器运转、制造业以及物流运输的污染而遭到经常性破坏，工作是否也将因此而消失？工作依赖于能源，而能源开发掏空了资源储藏并制造了污染。

拇指女孩幻想有一种新型的劳动，其目的是修补这些危害，给从事劳动的人带来收益——她讲的不单是工资（应该说是受益人），讲的也是幸福。总之，她开出了一个单子，列出那些不会给地球和人类造成上述两种污染的行为。19世纪，那些因为喜欢幻想而受到蔑视的法国乌托邦主义者就曾组织过一些实践活动，他们选择的方向，与后来把他们推向这双重绝境的方向完全不同。

　　既然只剩下了个体，既然社会只围绕着工作组织起来，既然一切都围着工作转，甚至人与人的相逢，甚至跟工作毫不沾边的私人艳遇，都莫不如此，拇指女孩自然希望能在工作上得到充分发展。可是她找不到工作，工作又让她感到无聊。她也试图想象一种社会，这种社会不完全建立在工作之上，但它建立在什么上面呢？

　　又有几次，人们征询过她的意见？

为医院点赞

　　她还记得在一家大医院里忍受过一次探访。老板连门也没敲就走进了病房，身后带了一伙人，就

61

像一个公的领头，母的服服帖帖跟在后面——整个就跟动物世界似的。拇指女孩躺在病床上，正体验着被假定为无能的滋味；这时，老板背对着她，向一群人发了一通高级演说。那情形跟在大学、工作中一模一样。用更通俗的说法，这就叫被人当成了傻瓜。

这傻瓜走路一瘸一拐，用拉丁语来讲，就是缺了一根能让她直立起来的拐棍：*bacillus*［译按：拉丁文语义"棍子"］，我们今天所用的"杆菌"（bacilles）一词就是从这里来的。拇指女孩身体康复，站起来后，以俄狄浦斯解谜的方式宣布了一个消息：时间越往前走，人亚科越不需要这根拐棍。她是独自站立起来的。

听我说。大城市的公立医院都有供轮椅和推床停放的场地：急诊室；核磁共振成像（IRM）或其他扫描前和扫描后的区域；进入手术室前麻醉和出手术室后唤醒患者的地方……我们可以在那儿等上一到十个小时。不管您是大学者，富人，还是世上有影响的大人物，都请不要回避这些场所，因为在那里才可以听到痛苦、怜悯、愤怒、焦虑、哭叫，有时也能听到祈祷、恼火，以及打电话一方对不打电话一方的哀求，或者打电话人对不接电话人的抱怨；还能听到一些人紧张沉默，另一些人惊恐害怕，而多数人则是克制忍耐，当然还有感谢……从来没把自己的声音混入这南腔北调大合唱的人，也许知道自己的病痛，但不会懂得"我们受罪"这句话意味着什么，那就是死亡和治疗的门厅里发出的共同的咿呀声，这里就像作为中间地带的炼狱，到了这儿，每个人既担心又期待命运做出判决。如果您扪心自问：人是什么？您就会从这里，从这片嘈杂的声音中作出答案，或者听出答案，学到答案。而在听到这一切之前，即便哲学家也是个粗心人。

这就是来自深处的声音，被我们的演说和闲谈盖过了的人声。

为人语点赞

如今，这片嘈杂之声不仅回响在学校或医院

63

里，不仅发自教室里的小拇指们，或来自耐心等待中的阵阵啜泣，它已经充满了整个空间。校长讲话时，老师们在下面谈天说地；上司高谈阔论时，住院实习生们交头接耳；将军下达命令时，宪兵们在队列里说话；广场集会时，市长、议员或部长对着人群打官腔，而市民们在下面吵吵嚷嚷。拇指女孩用嘲讽的口气说，请举出哪怕一个例子：在成年人的聚会上，哪里没有这类开心的喧闹。

大量充斥着背景音乐，媒体的喧嚣和商业嘈杂以催人伤感的声音和计算好的麻醉剂使真实的声音变得低沉，昏昏欲睡；然而，在这些真实的声音上，还要加上博客和社交网络的虚拟之声，其数量更是不可胜数，所达到的总量堪比全球人口。历史上第一次，所有人的声音都被听见了。人类的话语几乎穿越了时空。那些静悄悄的村庄，昔日偶尔只闻警笛和钟声，法律和宗教，识字的子女，鲜有万象共鸣的景象，现在突然也打破了宁静，千年的宁谧被无边无际的网络取代了。这现象已是相当普及，值得引起注意。这种新的背景噪声，混杂着喧哗与人语，有私密的，有公共的，持续不断，或真实，或虚拟，混作一团，被不可避免老去的景观社会的发动机和谐音器覆盖着，却把教室和阶梯大课堂里的小型海啸复制并放大了。不，不如说后者成了前者的缩微模型。

小拇指的多话，世界的嘈杂，宣布了一个新世纪的到来？从今以后，第二代口语和这样一些虚拟文字将混合到一起？这一新事物将会以它的波涛淹没这个把我们格式化了的页面时代？很长时间以来，我就听见这个来自虚拟的新口语时代了。

这就是人们对话语的普遍需求，它和拇指一代从小学到大学所呼唤的独特需求是一致的，和医院里病人们的期待或工作中雇员们的期待是一致的。所有人都想说话，人人都在无以计数的网络上交流。这个声音的构造和互联网的构造协调一致，两者发出同相之声。这种新生的知识的民主，早已在老式教育走到穷途末路，而新式教育正以诚实而艰难的步子在自我探索的地方扎下了根，与之相应的是一种正在形成的，为普遍政治服务的，将来必树立起来的民主。以媒体为中心的供给政治已经寿终正寝了；强大的需求政治正在兴起，尽管它尚不懂得表达，还说不出什么内容，但已是刻不容缓。从前，投票者在手写的、裁成窄条、带有地区性和隐秘性的选票上记下自己的一票，如今选票成群成片，熙熙攘攘占据了整个空间。投票时时刻刻都在进行。

为网络点赞

在这一点上，拇指女孩冲父辈们大吼：你们指责我自私，可过去有谁向我指出过？说我是个人主义，那又是谁教育出来的？你们自己懂得团队精神吗？你们连过夫妻生活的能力都没有，只会离婚。你们懂得如何创建一个政党并使之延续下去吗？瞧瞧，它们都无聊到什么地步了……你们能不能组建一个成员之间长期同心同德的政府？在玩一项集体的项目时，为了享受那种场面，你们从遥远的国度招募队员，不就因为那里的人还懂得集体行动和集体生活吗？那些旧的依附关系已经到了垂死的地步：军队中的友爱，教区，祖国，工会，重组的家庭，等等；剩下的只是压力集团和可耻的民主障碍物了。

你们讽刺我们的社交网络，挖苦我们对"朋友"一词的新用法，可你们又何时成功召集过数目如此惊人，近乎整个人类的群体？哪怕是为了减少对人的伤害，以虚拟的方式接近他人不是更为谨慎吗？你们肯定是担心，因为做了这样一些尝试，就会出现新的政治形态，而之前的陈旧政治形态将被彻底涤荡。

没错，确实陈旧，而且跟我见识的东西同样虚拟，拇指女孩突然兴奋起来，继续说道：军队、国家，教堂，人民，阶级，无产者，家庭，市场……这都是些抽象物，像纸板做的偶像一样飞在头顶上空。您是说，这些东西都在人身上投胎转世了？也许吧，拇指女孩答曰，除非人的肉身不想活了，还得去经历痛苦和死亡。这些依附关系是血腥的，要求每个人牺牲自己的生命，成为受难的殉教者、被投石击毙的妇女、被处以火刑的异端分子、被放在木柴上烧死的所谓女巫。这些是为宗教和法律殉难的，而成千上万排列在军人公墓里的无名士兵（偶有显要人物前来一本正经地躬身致敬）以及阵亡者纪念碑上长长的名单（1914至1918年间几乎全体农民），是为祖国牺牲的；灭绝犹太人的集中营和古拉格群岛，是为疯狂的"种族"理论和阶级斗争而设立的；至于家庭，它包庇了一半罪行，每天都有一名妇女死于丈夫或情人的暴虐；还有就是为市场而死的：三分之一以上的人吃不饱饭，每分钟都有一个小拇指死于饥饿，而与此同时，富人却在节食减肥。甚至社会救助，在你们的景观社会里，也是随着到处尸体横陈而发展起来的，伴随着你们根据种种罪行写成的叙事和报道，因为对你们来说，一个好消息算不得消息。近百年来，我们统计的各种死亡人数已经数以亿计。

那些靠抽象的虚拟来命名的依附关系，历史书也一直在颂扬其血腥的光荣；那些吃人的虚假神明，向无数受害者张开血口；相对于此，我宁可要我们的内在虚拟，就像欧洲，它并不想要任何人死去。我们不愿意再用鲜血凝结我们的集会。虚拟至少避免了这一类肉欲。不再为建立一个集体而屠杀另一个集体，甚至是自己的集体，这就是我们面对你们的历史和你们的死亡政治所怀抱的生命憧憬。

拇指女孩激动地说道。

为火车站、机场点赞

拇指女孩说，也请听听那些温和的过往人群是怎么发出声音的吧。古老的智人（Homo sapiens）视猎物、果实和气候变化而不断迁徙，早已变成了旅人（Homo viator），直到相当晚近的年代，地球才不再向他们提供陌生之地。自从发明了十来种发动机，旅行急剧增长，以至于人们对居住的认识也发生了改变。像法国这样的国家很快变成了一座城市，高速火车如地铁般覆盖各个角落，高速公路则仿若街道穿越东西南北。从 2006 年起，航空公司已经运载了地球上三分之一的人口。经由机场和火车站过往的人数如此之众，这些地方俨然就是临时汽车旅馆。

拇指女孩计算一下从她家到另一个地方所用的时间，是不是就知道自己居住和工作在哪一座城市，属于哪一个社区了？她生活在首都的郊区，到达市中心和到达机场的时间距离相当于出了十趟国境；所以，她是生活在一个超出了自己的城市和国家的聚合型城市大区里。问题出现了：她到底住在哪儿？既然政治这个词是以城邦作为参照的，那么这块既被缩小又被放大了的地方对她来说就构成了一个政治问题。她还能据此自称是公民吗？另一种浮动的依附关系出现了！当她对自己的居住地都提出疑问时，谁，从哪儿来的，又能代表她呢？

居于何处？在学校里，在与天南地北之人共处的医院里；在工作场所，在与外国人同行的路上；在有翻译在场的会议中；走进她住的那条同时听到几种语言的街道，会不停遇到许多混血杂交的人种，而这种混血杂交奇妙地复制了文化与知识形成初期相互碰撞而产生的混合。因为那些被我们描述过的颠覆，也触及了地球上每个国家的人口密度，面对非洲和亚洲的人口高潮，欧洲正向后退缩。人类混合如江河滔滔奔流，人们赋予各种专有名称，但河水是混杂的，大江之水注入了数十条支流。拇指女孩居住的地方挂有多种材料合成的挂毯，而她用的是不同花色的镶嵌木板给自己的空间铺地。她的眼睛为这种万花筒大放异彩，她的耳朵回响着一片混杂的声音，那当中有人声，还有预示着其他一些颠覆的意蕴。

对"无能推定"的颠覆

大型的国家机器或私人机器，诸如官僚主义、媒体、广告、技术官僚、企业、政治、大学学府、行政部门，有时乃至科学本身……每当它们面对被假设为傻瓜，受景观链条蔑视，被称作"公众"的人群时，总是利用古老的"无能推定"（présomption d'incompétence）来强加自己的权威。小拇指无名之辈，与这类机器朝夕相处，把它们看得无所不能，且对自己也没那么自信了。然而，他们用到处可闻的声音宣布，这些体积越是庞大，越是濒临灭绝的恐龙们完全不明白，新生的职能正在破土而出。以下便是。

小拇指——大学生、病患者、工人、职员、行政人员、旅行者、选民的代码名称；老年人或青少年①，怎么说，就是儿童，还有消费者，所有这些人的代码名称；一句话，公共广场上那些无名之辈，被称作男女公民的人的代码名称。如果拇指女孩预先查询互联网上的一个好网站，她对所讨论的主题，要做的决定，发布的信息，乃至个人身体保养……都能懂，甚至懂得更多，绝不亚于一位老师，一名经理，一个记者，也不亚于一位负责人，

---

① 这里"青少年"一词，作者用的是今网络语言中的流行写法 ado［adolescent 的缩写］；在法语中，adolescent 指尚未达到成人年龄的青少年。

一个大老板，或一名议员，甚至不亚于总统，因为所有这些人都被捧上了天，只是关心荣誉。有多少肿瘤学家承认，他自己在患乳腺癌的妇女的博客上学到的东西比多年医学院苦读学到的还多？自然史的专家们不可能再无视澳大利亚农场主关于蝎子习性的在线报道，或比利牛斯自然保护区向导对岩羚羊迁徙状况的解说。资讯分享使教学、医疗和工作变得均称；听伴随着讲；古老冰山的翻转为双向意义的流通开辟了道路。集体，这个在不朽的死亡之下小心翼翼藏匿着虚拟特征的结构，已经在让位给真正虚拟的**连接体**（connectif）了。

大约二十来岁，我结束学业，成为认识论专家。认识论专家这个粗糙的词，不过是说我学过科学方法及其研究成果，当然学习的过程中也试图作出自己的判断。那年月，我们当中还很少有人在全世界跑，只是书信交流。半个世纪后，街上的任何一位小拇指都可以就核问题、代孕母亲、转基因生物、化学、环境保护等做出自己的判断。于是，我不再对这门学科洋洋自得了，今天的每一个人都成了认识论专家。这当中就有了"能力推定"。请不要笑，拇指女孩说，所谓民主，当它把选举权交给所有人时，必然同时也在对抗一些人，这些人曾经大声惊呼，认为以同等方式把民主赋予智者和疯子，蒙昧的人和有教养的人，是个大丑闻。现在，同样的论证又出现了。

我刚刚列举的那些大型机构，其规模依然占据着我们仍称之为社会的整个布景和帷幕，虽然这个社会已经缩小成一个舞台，并且每天都在失去其一部分可信度，连更新剧目的努力都不再尝试了，而只是以平庸的演出打压狡黠机智的人民。这些大型机构，我喜欢多说一遍，恰如那些向我们发出光芒的星辰，而据天体物理学家的计算，这些星辰早在很久以前就已陨灭消亡了。无疑，这是历史上第一次，公众、个体、个人以及从前被庸俗地称作过客的人，简单地说，也就是拇指一代，可能且可以拥有至少是同等的智识、科学、信息和决策力，并不亚于上面提到的那些恐龙；对于后者，我们仍像顺从的奴隶那样服侍它，尽管它们总是贪婪地攫取能源，却生产不出多少东西。就像打蛋黄酱一样①，这些孤立的单子一个接一个慢慢组织起来，最后形成一个跟那些庄严但毫无前途的机构根本不相干的新机体。等到这个迟钝的政体就像刚才的冰山转眼间突然翻覆，我们会说，竟没有看到事情发生的前兆。

上述的颠覆也涉及到了性别，因为近几十年，我们见证了女性的胜利，她们在学校、医院、企业……比占主导地位，既傲慢又软弱的男性更加勤奋和严肃。这就是为什么这本书起名为 *Petite Poucette*（《拇指女孩》）②。文化也被触及了，互联网促

---

① 此句原文为法文通俗习语 comme prend la mayonnaise，"水到渠成"或"瓜熟蒂落"之谓。

② 法文通常使用的"拇指"一词为阳性（le poucet）。法国 17 世纪童话作家夏尔·佩罗（Charles Perrault，1628—1703）所著童话集《鹅妈妈的故事》里就有脍炙人口的名篇《小拇指》（*Le Petit Poucet*）。而塞氏此书中的 Petite Poucette［小拇指］为阴性，故作者称是为女性而起了这个阴性词构成的书名（参看本书第 103 页，作者访谈相关部分（访谈第二个问题））。又如作者书中所称，Petite Poucette 已成了今日一代人的"代码名称"，也就是用小指头在手机上书写与阅读的年轻一代。故译者将书名译为《拇指一代》的同时，文中 Petite Poucette 一词有时亦视语境译为"拇指女孩"或"拇指女生"。

成了表达的多样性，不久，也许还会出现自动翻译；而在我们刚刚走出的那个世纪，只有一种语言称霸天下，它把言论和思想平庸地统一起来，创新也因此变得贫瘠了。总之，这种颠覆涉及到了所有高度集中的结构，哪怕是产业的或工业的，语言的或文化的，最终受益的将是传播，它会变得宽广、多样和奇特。

这就是终于获得普及的"打分"，这就是为普遍民主而产生的普遍选举。促成一个"西方之春"的所有条件都具备了……只是与此对立的权力不再动用武力而是麻醉品罢了。举个日常生活里的例子：事物本身失去其普通名称，取而代之的是品牌的专有名称。所有的新闻也都如此，包括政治。被布置成灯火辉煌的竞技舞台，展现给人们的却是影子大战，跟现实毫无关系。所以，景观社会转变了一些东西，昔日某时某地因街垒战和尸体横陈而尽显残酷的斗争变成了某种大义凛然的解毒法，看来那么多迟钝药剂师分给我们的安眠药终于要从我们身上清除掉了……

为细木镶嵌活点赞

……试图保持事物原状的人，往往使用"简单"这条理据。那么，如何处理不时由人语和嘈杂声宣示的既杂乱又无序的复杂性呢？是这样的。一条落入渔网的鲷鱼试图挣扎逃脱，但它越跳，越被渔网缠住；苍蝇东撞西撞，最后还是被蜘蛛网所困；山民在一处峭壁相逢．面对生死之危，用绳索缠到一起，又想尽快解开。管理人员为了简化行政手续，有时会起草一些指令，但这种对登山者的模仿反而增添了更多的麻烦。就像删繁就简反而繁琐倍增，那么，复杂性只能退缩为事物的一种状态吗？

如何分析这种状况呢？这就要分析成分数量是否递增，它们各自的差异如何，彼此之间的关联是否成倍增长，交叉路径是否增多。图形理论和计算机技术把这些表象处理成交叉系统，拓扑学称之为单行。在科学史上，这种复杂性的出现预示着人们没有使用好的方法，必须改变范式。

与这一秩序相关的东西纷繁众多，构成了我们这个社会的特征；其中，个人主义，个人或群体的诉求，以及景点的多变，都同步增长。今天，每个人都在编织自己的单行，并行走在其他人的单行之上。就在刚才，拇指女孩还行走在一个混合的、带斑点的空间……一个迷宫里，面对的是一个万花筒般色彩斑斓的马赛克镶嵌图。既然自由的定义因人而异，要求人们享受胳膊手脚不被捆绑，那么，没有人会明白为何要简化对民主的诉求。事实上，简单的社会只会把我们带回到弱肉强食的动物等级制：那是建在宽大基座上只有一个顶点的锥体束。

但愿复杂性大量繁殖，越早越好！不过，它是有成本的：到处排长队，行政手续繁复，街道阻塞，法律条文深奥难解，这样的密度事实上是降低了自由度。人总是赚多少才花多少。

另一方面，这种成本又被视为权力的来源之一。公民们由此怀疑他们的代表并不希望减少我们上述所说的复杂性，他们只是一条接一条发出指令，看似是想简化什么，却像落入渔网的鲷鱼，反而把事情越搞越复杂。

为第三种载体点赞

然而，我再重复一遍，科学史上，类似这样的增长过后，紧接着出现脱钩的情况也是有的。当托勒密的旧模式积累了几十个本轮①，使天体运行变得复杂至极无法辨认时，不得不对图形做出改变：人们把系统中心移向太阳，一切重又变得清晰明了。无疑，汉谟拉比写下的法典结束了仰赖口述权的社会法带来的重重困难。我们的复杂性则来自书写危机。法律条文成倍增加，连篇累牍载于《宪报》，一页纸变得不堪其负。必须改变。计算机可以实现这种更替。在窗口前排长队的人一边等候，

① 本轮（épicycles）：埃及天文学家克劳狄乌斯·托勒密（Claudius Ptolemaeus）于公元 2 世纪阐述的"地心说"宇宙模型理论之一，认为行星在绕地球的均轮上运转的同时，还各自围绕着其中心位于均轮上的一个虚拟小圆转动，这个小圆即是行星自身运行的轨道，称为本轮，又称周转圆。

一边拥挤；交通车流塞得水泄不通时，为了在十字路口抢道，你甚至可能无意中撞死自己的父亲。可是，电子速度却能避免实际中的运输迟缓，而虚拟的透明度还能免除交叉路段可能造成的碰撞，从而消除由此带来的各种暴力事端。

但愿复杂性不要消失！它会越来越多，不断增长，因为每个人都在享受它所提供的舒适与自由；它已经成为民主的特征。想要减少它带来的成本，只需有一份决心。一些工程师可以通过电脑编程范式来解决这一问题，因为此种编程范式有能力保存单行，甚至让单行增长，而单行换来的快速，我再次指出，可以消除排长龙或塞车的现象，从而消除各种碰撞。研发一个适当的软件来制作一本虚拟护照，囊括可以公开的全部个人有效资讯，大概只需要几个月时间，不会太多的。总有一天，人们不得不把所有资讯放在一个新的独一的载体上。目前，这种载体分成各种各样的证件卡，由个体与多个私人或公共机构分享产权。拇指女孩，作为个体、顾客和公民，会一味让国家、银行、大商店等占有她的个人数据吗？再说，今天这种数据已经变成了财富的一种来源。这就出现了一个政治、道德、法律上的问题，而解决这一问题的办法将改变我们的历史、文化视野。由此可能会导致社会政治划分的重新组合，从而诞生第五种权力，即数据权，独立于另外四种：立法权、行政权、司法权和传媒权。

拇指女孩会在自己的护照印上哪个名字呢？

为化名点赞

我的主人公的名字并不表示她是"她那代人中的一位"或"今日某位少年女子"，这些说法是对人的一种蔑视。不。问题并不是像人们在理论上说的那样，从 A 这个整体中提取一个 x 成分。拇指女孩是独一无二的，她作为一个个体，一个人，而不是作为一个抽象概念而存在。这一点值得加以解释。

谁还记得原先的那种划分，在法国以及其他地方，分成四大部类：文学、科学、法律和医药学？第一类高歌*自我*，个人的我，蒙田笔下的人，历史学家、语言学家和社会学家笔下的"我们"亦在此例。科学部门则对"这一个"进行描述、解释和计算，陈述一些普通规律乃至普遍性的规律，如牛顿之于天体方程，拉瓦锡①之于化合物命名。至于医学和法律，两者都被置于第三位，却共同抵达了（也许是不知不觉的）科学和文学所不知的认识方式。在法学院和医学院里，人们把普遍和特殊结合到一起，产生了第三个主体……拇指女孩的祖先之一。

先来看看这位祖先的身体。直到不久前，人体解剖图仍然显示这样一个图式：髋部、主动脉、尿道……，一幅抽象素描，几乎像几何学图形那样匀称，全面。但从今以后，它复制的是那个八十岁老人髋部的核磁共振成像了，或者是这个十六岁女孩主动脉的核磁共振成像……尽管这些图像是个人

---

① 拉瓦锡（Antoine-Laurent de Lavoisier，1743—1794）：法国化学家，生物学家，提出规范的化学命名法，并创立了化学物种分类新体系，是近代化学的奠基人之一。

的，但它们有了一种属的和定性的意义。过去，宗教决疑论者研究个案，罗马法学家也研究个案，他们都习惯于在盖尤斯或卡西乌斯①名下所处理的讼

① 盖尤斯（Gaius，约130—180）：公元2世纪罗马法学家和法学教师，罗马"法学五子"中最年长者，被视为法学的奠基人。盖尤斯全名不详，其身世和准确身份皆不为人所知。故本书作者言"在其名下提及"的案例。按：罗马人的名字通常由本名（praenomen）、家族姓氏（nomen gentilicium）和别号（cognomen）三部分组成，是为"三名制"（tria nomina）；古代史书援罗马人名通常只提家族姓氏和别号，对于知名者甚至只提别号，鲜有直呼其本名者。而"盖尤斯"只是一个普通本名，故后人难以弄清其确实身份。确定盖尤斯是谁一直是学者关心的问题。关于盖尤斯的全名，有多种说法。有人猜测他就是盖尤斯·卡西乌斯·朗吉努斯（Gaius Cassius Longinus），但这一说法不符合史书提及罗马人名的惯例，且盖尤斯·卡西乌斯·朗吉努斯乃公元前30年的执政官，与盖尤斯生活的年代相距200年。德国学者胡希克（Eduard Huschke，1801—1886）认为，这两人应是同名同姓的两个法学家，为了区别他们，对其中的一个只称呼其本名。另一德国学者邓伯格（Heinrich Dernburg，1829—1907）则认为，盖尤斯可能是其弟子给老师起的昵称。还有一种说法，干脆认为"盖尤斯"可能是个笔名。又，在罗马法的发展过程中，"规则法学"形成以前，罗马法学家们的思考方式是个案推理式的，所运用的方法为决疑法；他们通过将前辈的判决案例一般化来建构法学概念和定义，进而提出系统的法学理论。盖尤斯一生著述颇丰，著有法学著作20余种，其中尤以教本《法学阶梯》（Gaii Institutiones）最为著名。公元426年，也就是盖尤斯死后大约两百五十年，东罗马皇帝狄奥多西二世和西罗马皇帝瓦伦丁尼安三世共同颁布《引证法》（Lex Citationis），规定凡法律未有明文者，依盖尤斯等五位法学家的论点决定。

案中指定一个论题：**代码名称，化名或笔名，代称，这些名称其实是一名二身：既是个体的，又是同属的。事实上，这些名称在普遍与特殊之间架起了桥梁；您可以说是双重的，对彼此都很重要。**

就让我们把"拇指女孩"当成某某大学生的代码名称吧，或者这位患者、这名工人、这个农民的代码名称，这位选民、这个路人、这位公民的代码名称……不错，是无名者，但**个性化了**。对民意调查来说是少了一位选民的一票，对收视率而言则是少了统计意义上的一名观众，也就是说少的是量，而不是质，也不是存在。恰如从前的无名士兵，其身躯虽已长眠地下，通过 DNA 检测可确认其个人身份，现在这个无名者就是我们时代的英雄。

小拇指把这种匿名变成代码。

算法的，程式的

现在，请观察一下拇指女孩如何操作一部手机，如何用指头掌握键钮、游戏或浏览器：她毫不犹豫地开垦一块认知田地（这块田地已被科学和文学等部分早期文化闲置多年），我们可称之为"程式的"。这些操作，这种手的动作，从前在我们上初级小学的时候，只是用来正确地做简单的算术运算，偶尔也可能用来摆布修辞或语法上的技巧。如今，这些程式急于要跟几何学的抽象以及不含数学的科学描绘相竞争，已经渗透到知识和技术中去了。它们形成了**算法**思维①。这种思维开始明白了物的秩序，并为我们的实践提供帮助。从前，它是属于法律实践和医术领域的，至少是盲目地；而法律和医学两者都在分开的科学院系和文学院系里传授，原因就在于，它们使用的是配方、连贯动作、系列表格、运作方式，也就是程式。

今后，飞行器在繁忙跑道上的降落，某个特定大陆上的航空、铁路、公路、航海线路，做一个长

---

① 算法（algorithme）：指一系列精确而具体的计算步骤和指令，常用于计算和数据处理，其应用范围涵盖今密码学、信息路由技术、资源优化方案等领域。Algorithme［算法］这个拉丁化词，来自被誉为"代数之父"的9世纪波斯数学家花拉子米（al-Khwarizmi）名字的译音。

时间的肾脏或心脏手术，两家工厂企业的兼并，需几百页文字来陈述的抽象问题的解决方案，一只芯片的图纸及程式设计，全球定位系统的使用……所有这一切都要求不同的处理方法，根本有别于几何学家的演绎或经验式的归纳。今天，目标、集体行动、技术、组织方式……全都更服从于**这种算法的、程式上的认知**，而不是两千多年来靠科学和文学滋养的哲学所奉献的那种宣示性抽象法。哲学如果只是分析性的，就看不到这种认知正在建立，就会缺乏思想，不仅找不到方法，还缺少对象乃至主体。那么它就错过了我们的时代。

崛起

这个新事物其实不新。早在古希腊时代，几何学发明之前就有了算法思维，后来又由于帕斯卡尔和莱布尼茨先后发明两种计算器而在欧洲重新出现，而且这两人都像拇指女孩一样，用的是化名。这一杰出的，同时又是毫无声息的革命，被哲学家们忽略了，却受到科学和文学的滋养。自这一时期起，几何学形式（科学）和个人的现实性（文学）之间就出现了一种关于人和事物的新认识，并且在医学和法律实践中初见端倪，因为这两个学科都关心如何将法庭和法理结合起来，将病人和疾病结合起来，将普遍性和特殊性结合起来。从这里便产生了我们的新事物。

事实上，今后会有上千种有效方法使用程式或算法。这种文化，从早于希腊的新月沃土①直接承继下来，中经用阿拉伯语写作的波斯学者花拉子米，再到莱布尼茨和帕斯卡尔，至今天，已经侵入到抽象和具体的领域了。文学和科学输掉了一场古老的战役，而这场战役，我以前说过，它起于柏拉图的对话《美诺篇》；在这篇对话中，几何学家苏格拉底对一个小奴隶不屑一顾，因为他不仅不作论

---

① 新月沃土（Croissant fertile）：指位于中东两河流域的美索不达米亚地区及地中海东岸的黎凡特（Levant）历史地理区，大致包括今日的以色列、约旦河西岸和加沙地带、黎巴嫩，约旦、叙利亚、伊拉克部分地区，以及土耳其东南部和埃及东北部。由于这片沃土在地图上像一弯新月，故名。

证，还使用了程式。这个名不见经传的小仆人，今天，我把他称作小拇指：他战胜了苏格拉底！在能力推定方面，何止是千年的逆转！古老程式取得新的胜利，是因为算法和程式利用了编码……我们重新回到了名称。

为密码点赞

正好有一个术语（*codex*），一贯通用于法和法学，也通用于医学和药学。不过，今天的生物化学、信息理论和新科技攫取了它，从此广泛应用于知识和日常活动。以前，民众丝毫不懂法典，也不懂药典①。打开也好，合上也好，白纸黑字，只有博学之人才看得懂。一个密码就像一枚双面硬币，正反相抵：可达但隐蔽。我们是不久前才开始生活

---

① 在法语中，法典（code juridique）的"典"和药典（code des médicaments）的"典"均为同一个词 code，而 code 的另一释义是密码、代码或编码。本书作者似乎倾向于认为，"典"和"密码"的概念来源相同。

在［信息］存取的文明中的。这种文化在语言和认知上的对应者进入其中就变成了密码，或允其进入，或禁其通行。然而，正因为密码建立了两种需要互译的系统间的整个对应关系，所以它具有两副面孔，但在不限流量的流通中我们又需要它，我刚刚描述了这种流通的新颖之处。要做到自由进入又确保匿名，只需加上密码。

然而，密码是个特殊的有生命的东西；密码，就是某个人。我是谁，我，唯一的、个体的，同时又是类属的？**一个不确定，可辨又不可辨的数字**，它既开放又关闭，既合群又害羞，可接近又不可接近，公开化又私人化，私密但保密，有时连我自己都觉得陌生，同时又是一览无余。我存在，故我是个密码，算得出来，又算不出来，好比金针落入稻草，藏起了它那耀目的光泽。譬如说我的 DNA，它是开放的，同时又是关闭的，其数字构成了我的肉身，好比圣奥古斯丁的《忏悔录》，既是私密的又是公开的，当中有多少个符号？《蒙娜丽莎》有多少像素？福莱的《安魂曲》有多少比特？

很长时间以来，医学和法律一直培养着人即密码的观念。今天，知识和实践通过使用*程式*和*算法*证实了这一点；密码使一个新的自我诞生。个人化，私密，保密？是的。类属，公开，可公布？是的。更美妙的是，两者兼具：这种双重性，我在谈到代称时已经说过。

为护照点赞

据说，古埃及人和我们一样，把人的肉体和灵魂区分开来，同时又给这个二重性加上一个替身，叫做"卡"（Ka）①。确实，我们擅长通过科学、屏幕和表格，在人体之外复制人体；并且像卢梭那样用《忏悔录》描述灵魂的秘密——这当中有多少个符号？我可以同样复制一个不确定的、秘密的，但

---

① 古埃及人相信人死后灵魂依然存在；并且认为人有两个灵体，一个是与肉身同在的魂（有近代学者释为"意识"），称作"拔"（Ba）；另一个是人死后出离肉身到另一世界去的魄（魂的复体），称作"卡"（Ka）。两者皆随人的出生存在于人的肉体的某部分，但惟有"卡"可以脱离肉身。

同时又是可进入、可公布的我自己的复身吗？其实，只需为复身编码就行了。譬如法国的医保卡（carte Vitale），不如将它扩大到囊括所有可能的数据，隐私的、个人的和社会的，这样我们就发明了一种"卡"（Ka），相当于一本编码化的通用护照：可打开，可合上，具有公开和保密之双重性，互不矛盾。一点也不稀奇吧？尽管我试着从我身去思维，我使用的语言却是共通的。

这个**自我**，作为灵魂和意识，可以轻声忏悔；作为硬塑料材质，可以揣进口袋。主体，是的；客体，是的；所以，还是双重的。双重如一位患者，独自承受病痛，却因为把自己交了出来，所以在医生眼里，又如同一道风景。双重，有权能，无权能……双重，如一位公民，既是公共的，也是私人的。

今日的社会形象

在一个难忘的年代，曾有几位英雄想共同建造

91

一座高塔。他们来自不同的地方，分别讲着没法转译的方言，因此无法实现这一目标。互相听不懂，就不可能组成一个团队；没有集体合作，高塔就建不成。巴别塔才刚刚破土而出，几千年的时光已匆匆流逝。

而在以色列、巴比伦或靠近亚历山大的地方，自从先知或抄写人掌握书写之后，团队就有了形成的可能，于是金字塔拔地而起，神庙和带观象台的塔庙也出现了。这些东西完成了，几千年也过去了。

一个晴朗的早晨，在巴黎，一个被称作"万国博览会"的人类盛会①也做了同样一番尝试。有个脑袋聪明的人在纸上画了一个草图，选定材料后，又计算了它的承受力，然后把一根根钢梁交叉叠架起来，一直架到三百米高。从此，埃菲尔铁塔高耸

---

① 指 1889 在巴黎举办的第二届万国博览会。由于正值法国大革命一百周年，该届博览会主题为"法国大革命"。埃菲尔铁塔（以其设计师古斯塔夫·埃菲尔名字命名）即为此届博览会而建，塔身为钢架镂空结构，总高 324 米。

于塞纳河左岸。

　　从埃及金字塔到埃菲尔铁塔，虽然前者用的是石头，后者用的是钢铁，总的造型却极其稳固；固若天工，稳若国家——两词实为一个①。静态平衡与政治模式交融，百变中之不变，表面的、宗教的、军事的、经济的、金融的、专业的……，权力永远掌握在高层几个人手里，而把他们拴在一起的则是金钱、军事力量或其他适合于统治广大底层的机器。岩石魔鬼和钢铁恐龙，两者之间并无明显的差别；只不过，同样的形式，在巴黎显得更透光、透明、优雅，而在沙漠则显得密实、矮壮；但总的来说，都有一个尖顶和喇叭形的基座。

　　民主决议对这一图式不起任何作用。古希腊人说，请席地坐成一圈，你们将是平等的。这是个狡猾的谎言，假装从金字塔或铁塔底部看不到议会中

————————

　　① 天工（en l'état），犹言合于物态；按，在法语中，状态［état］一词与国家［État］，作为政体和国家机器的国家］相同，故作者说两词"实为一个"；所不同的是两词写法略异，前者首字母小写，后者首字母大写。

93

心把棱锥形顶端的反射投向地面，看不到它那至高无上的尖顶着陆的地点。我们的法国先辈，与其说是为了反对多少还受民爱戴的国王，不如说是为了铲除身边可恶的贵族王爷，才掀起那场大革命。

胡夫①，埃菲尔，同样是国家。

米歇尔·奥蒂埃②，天才设计家，我是他的助手，我们曾经计划在埃菲尔铁塔对面的巴黎右岸点一堆火，或者种一棵树。届时，在分散于各处的电脑里，每个人都把自己的护照，自己的"卡"（Ka），也就是匿名的个性化形象和编码化了的身份，输入其中，好让一道彩色激光从地面射出来，复制这浩如烟海不计其数的证件，从而得以展现集

---

① 胡夫（Khufu）：古埃及第四王朝第二位法老。迄今所知埃及最大金字塔胡夫金字塔，又称吉萨金字塔，就是为他建造的。

② 米歇尔·奥蒂埃（Michel Authier, 1949—）：法国数学家、哲学家和社会学家，人群"知识树"概念创始人之一。1992年与本书作者米歇尔·塞尔及社会学家皮埃尔·勒维（Miche Levy, 1956—）共同创办"三艺公司"（Trivium）开发社会人才资源管理软件。

体那多姿多彩的风貌，恰如集体本身也是虚拟地组成的。

每个人都将从自身进入这个虚拟而又真实的团队，这个团队把隶属于分散集体的所有个人汇集成一个既单一又多重的形象，而这些个人又保持着他们具体的、编了码的特征。这样一个高大的、堪与高塔相比的群像，其共同特征将凝聚成大树的主干，罕见的则将组成葳蕤的枝桠，非凡的将长成茂密的叶子或含苞欲放的蓓蕾。但由于这一群体会不断变化，每个人与每个人，一先一后，都会一天天发生变化，如此这般立起的大树终将迎风摇动，如同一树跳动的火焰。

而那座钢铁铸造，稳如泰山，自豪地携带着设计人之名的铁塔，数千工人曾为建造它叮叮当当地敲打，其中一些就死在塔下。面对这座至今仍高高架设着其主人声音发射器的庞然大物，将出现一座新的、可变的、流动的、起伏的、色彩斑斓的、有花纹的、闪色的、细木镶嵌的、拼图的、音乐的、万花筒一般的高塔，一座火花四射、流光溢彩的高塔，它将随风起舞，代表一个联网的集体，它不仅在每个人的数据方面是真实的，而且，只要人们愿意，它也可以是虚拟的，可参与决策的。今天的社会是个变化无常，生动但温和的社会，它向昔日的魔鬼伸出一千条火舌，这金字塔般的魔鬼早已僵硬了，冰凉了。死了。

巴别塔成了口语场地，塔没有了。从金字塔到埃菲尔，是书写的场地，稳固的国家；而火焰之树，是富有生命力的新事物。

欢欣之余，拇指女孩也不客气地说：呆在巴黎，我觉得你和巴黎都老了。让我们在莱茵河畔也点燃这样一棵灵动的大树吧，这样，我的德国朋友也能在那里像画面一样跳起舞来；还有在阿涅罗山口①高处，我可以和我的意大利同行一起唱歌；以

---

① 阿涅罗山口（le col Agnel）：西阿尔卑斯山法国和意大利边界的一个山口，位于海拔 2744 米高处，有公路经此山口连接两国。

及沿着美丽的蓝色多瑙河两岸，波罗的海之滨……
地中海这边的真理，大西洋这边的真理，比利牛斯
山这边的真理，对别处的人也是真理①，土耳其人、
伊比利亚人、马格里布人、刚果人、巴西人……

2012 年 1 月

———————

① 帕斯卡尔有句名言：Vérité en deçà des Pyrénées, erreur
au-delà. [比利牛斯山这边的真理，对山那边的人也许是谬
误。] (*Pensées*, Editions Port-Royal, XXV) 塞氏套用其语，表
达另外一种意思。

访谈

拇指女孩或
未来的年轻人

这篇访谈系本书作者米歇尔·塞尔应法国《哲学杂志》（*Philosophie Magazine*）主编勒格鲁（Martin Legros）和作家兼记者奥托利（Sven Ortoli）之约所作长篇访谈《泛托邦：从赫耳墨斯到拇指女孩》一书中的第十章（*Pantopie*：*de Hermès à Petite Poucette*，Éditions Le Pommier，Paris，2014，pp. 321—357）。

在您最新出版的一本书《拇指一代》里，您谈到我们和知识之间的关系发生了巨变。此书在销售上获得极大成功，作为一本哲学著作，这样的成功是极为罕见的。在您看来，为什么这本随笔和它的女主人公会使读者这么着迷？

假如您去翻翻那些关注教育问题的书，那些有关"新一代人"教学法的书，您会发现，这类书都是从成人的观点去写的——教师、家长或部长。我相信，这样的出发点只会指引一条歧途，使人对问题产生错误的理解。这些作者一上来就占据一个权威的位置，这个或那个位置，谁知道呢。然后他们就琢磨怎样把自己知道的东西灌输给不知道的人。这就形成了一种预先假定，结果，大量有关教育的论述都带有他们那种断然的、不容置疑的调子。他们用的是高屋建瓴的论说方式；我呢，我只是把角度转换了过来：既然一切都经过供给这道三棱镜来审视，那我就选择了需求的视角，也就是学生的视角。当然，这并不是说我们要从孩子的"观点"去重建一整套教学法，如同一些人积极奔走的那样，呼吁孩子们自己去建立一套知识。不，我要说的不是这个。在考虑内容之前，首先要讨论的是人们一思考教育问题就采用的那种"权威立场"。这种立场，我认为有必要与之拉开距离。所以，从《拇指一代》一书开篇，我就这么做了。而且我认为，这种拉开距离对这本书的成功起了一定的作用。

至于我的女主人公，把她定为女性不是偶然的……在我的整个教书生涯中——已经四十年，至今还在持续，我亲眼见证了妇女的胜利。事实如此：我们最优秀的学生是一些女生。今天，在期考和会试中，女性领先百分之十到十五。明天，我们的大多数医生将是女的，大多数法官也将是女的，大多数精英都将是女的。不是因为我喜欢女人才这么说——我确实是喜欢她们，不，是职业游戏很快将发生彻底改变。正因为这个缘故，在思考数字化时，我选择了一位女主人公，这与文化和世界的更为广泛的变化是同位的。

"拇指女孩"这个名字，是对那些童话故事的影射吗？

它跟佩罗的《小拇指》无关，跟安徒生的《拇指姑娘》也毫无关系。我把她叫做"拇指女孩"，仅仅是因为拇指。这个想法是在地铁里诞生的，当时我看到有个年轻女孩在手机上敲字，那灵巧劲儿真让我自愧弗如。不知您注意到没有？数字化到来时已经是成年人的人——这些人今天都在三十五岁以上，更多的是用食指在手机上写字，而且常常十分笨拙；相反，与数字化同时出生的一代人——他们都在三十五岁以下，运用的是两个拇指，而且动作没有半点的迟疑。就因为用两个拇指在手机上敲打短信时如魔鬼般灵巧，我的拇指女孩就有了这个名字。而我之所以把她称作"女孩"，是因为她出生在1980年代至1990年代之间，正好是个人电脑进入我们私生活的时候。这里有一种断裂：年纪更大的人，比如我，虽然对电脑的使用也是日常性的，持续不断的，但只是作为工具而已，关系是外在的，总之，就像骑自行车；而拇指一代却生活在数字建起的那个世界的**内部**。一个少女每天要发一百条短信，她的男性同伴则每天发五十条。我呢，当然，我也跟所有人一样发短信，可是，发多少呢？五条、十条最多了，肯定不是一天一百条！拇指女孩完全浸没在新科技里了。她和同代人一样，生活在计算机带来的世界里。她在一个世界的内部，而我则是从外面观察这个世界。我使用电脑的地方，正是她与电脑共同生活，共同思考的地方。

她的个人经历是什么？

　　她的肖像吧？这副肖像直接来自《人类新生》①。容我概述一下……拇指女孩从未见过"小牛犊、母牛、猪，或一窝孵出的小鸡"，她对农村生活一无所知。她从未经历过战争，至少是在她自己的国土上。她母亲生她时大约三十三或三十四岁，放在上一代，则她生孩子大概是在十八岁到二十岁之间。长话短说，她和自然、世界、生活以及父母的关系跟我的完全不同。除此之外，她还习惯了文化的多元性，因为她平日也遇到黑人、北非人后裔、白人和黄种人。另外，鉴于平均寿命的增长，她的性生活和感情生活都将展示出前所未有的方式：假如她结婚，摆在她面前的会是离婚的前景。过去，一对伉俪发誓相守十年；如今他们要照着六十年发誓了。婚姻还是同样的性质吗？这种演

---

　　① 《人类新生》（*Hominescence*）：作者于 2001 年发表的一部著作，由巴黎苹果树出版社（Éditions le Pommier）出版。

变导致了众多后果。正如我们所见，它们不仅触及到政治，还涉及了道德或生态。关于教育这一块，有一点是可以肯定的：在一本有关教学法的书里，还像上代人那样反复唠叨同样的规范和准则，是极为愚蠢的。不了解一个人的学习方法，就不可能向他传授什么。如果我们不了解这个或那个出现在我们面前的小学生、初中生、高中生和大学生，你想向他们传授什么都是无用的。

关于人和知识的关系，发生了一场关键性的变化，您是第一个竭尽全力把它揭示出来的人。伴随着数字革命，您解释说，知识"外在化"了，正如"离开"的本意，它离开了我们的脑袋，物化成一堆信息和软件。您在《拇指一代》中写道："从我们那骨质的、布满神经元的头颅中，智慧的脑袋走了出去。我们手中的电脑盒装载和驱动的，其实是从前被我们称作认知力的东西：一个是记忆力，比我们的强上千倍；一个是想象力，配以数以百万计的图标；再一个是理性，既然那么多的软件能够解决我们连百分之一都解决不了的问题。我们的脑袋被抛到了我们面前，成了一个客体化了的认知盒……知识已放在那里，客观的，蒐集起来的，集体的，在线的。"

我年轻时的哲学教科书里讲道，人的知性由三种认知力构成：记忆力、想象力和理性。我们曾经把它们当作思维主体活动内部的能力来奉守。然而，如果您仔细想想，从今以后，这三种认知力大部分已经在电脑中客体化了。首先是记忆力，被压缩在电脑芯片里。确实，无论是个人记忆（它记载了我们的照片，我们的交往，我们的通信和我们的文字，记载了我们在社交网站上"公布"的我们行为举动的痕迹）还是集体记忆，皆如此，既然史上的全部知识都将像全世界所有图书馆的书籍一样，不久都要数字化了。难道不是一有某个日期，某位作者的名字，某本书的书名想不起来，我们就忍不住要到维基百科里去查询吗？一旦输入手机，我们还用心去记朋友的电话号码吗？

这些小小的日常经验很能说明我们记忆力所发生的变化。第二种能力，想象力。这一点，每个人都很清楚：如今，画面是由电脑制作的，也储存在电脑里，它们在网上大量传播，比我脑子里任何时候能出现的画面要多千百万倍，精确千百万倍。今天的画面是数字画面。我说的是画面，而不是想象。最后说到理性。当然，我们还是通过自己的大脑进行思考，但这并不妨碍软件在理性方面取得远远超越我们的成绩，解开一些极为深奥的微分方程。

所以我们必须承认，精神的伟大认知力，至少是其中的一部分，已经转而落到电脑中去了。这种外化还只是刚刚开始。书写和印刷术早已让人类得以将记忆储存在书籍中；如今，一种新的寄存，一种新的外化我们记忆和知识的方式出现了，它将比书籍走得更远：这就是说，从今以后我们的认知力本身外在化了。

这么说，知识完全掉入机器中了？从书本和课

堂里消失了？

　　不，不是知识，但至少是信息。我不希望让大家以为，发明一项新技术会把之前掌握知识的设施全部摧毁。人们不会因为写字了，就不再说话了，不会因为印字了，就不再写字了，同样也不会因为有了电脑，就停止了印刷。相反，今后人人家里都有一部私人打印机。不，所有这些"技术"都在累加。与其谈论消失，为什么不设想一个累加的情景呢？不管怎么说，数字化是当下的一个大潮，给教育和政治都带来了巨大的影响。

　　事实上，知识的客体化彻底颠覆了传授空间。今天，大学生可以直接进入知识：手机和手提电脑跟着他们到处走，有时甚至跟进了教室或阶梯大课堂。这一切使教师、学生和知识之间的关系也分崩离析了……

　　所有老师都有同感：过去在课堂上给他们树立

权威的那种"知识垄断",现在没有了。更有甚者,一位历史老师搞混了两个日期,或者弄错了年份,就有被学生"提出警告"的危险,因为学生"当场"就可以核实老师说的是否准确。这确实彻彻底底改变了传授空间和教学关系。但是,课堂远没有消失,它正对互联网发生兴趣,正在一个开放的、可参与的模式上重新调整自己。昔日,课堂被书页模式格式化了,老师是以作者的姿态站在课堂上,也就是以有知识者向无知识者传授知识的人的姿态站在课堂上。今天,这种模式瓦解了。所有老师都注意到了这一点:当他们走进一间教室或阶梯大课堂,宣布这堂课要讲花生,阶梯大课堂里的一半人都极有可能在搜索引擎上搜索"花生"一词。当教室里的一半学生已经透过比如说维基百科,与找到的信息建立了某种关系,那么师生关系就彻底变了。

这就是您所说的"能力推定"的颠覆……

确实。我们从"无能力推定"过渡到了"能力推定"。那些被我们假定为无知和无能的人，变成了潜在的有能力的人。这不仅仅涉及到学校，还涉及到所有依赖于传播的职业。他们的听众很可能手里已经掌握了所有信息。记得，也就在三十年前，我大着胆子向给我看病的医生提问："大夫，您往我的眼睛里放了什么？做这个手术，我会冒什么样的事故风险？"几位医生向我投来不以为然的目光，甚至连沉默也不做任何解释。"这是我的工作，不是您的！"好像他们是这样回答的。而今天，医生把他提出的整套治疗方案详细地解释给您，请您授权实施，有时甚至让您自己决定是否做手术。这是前所未有的变化！尽管能力不会真的突然转到另一边，但只要有这个可能，关系就彻底改变了。

学校，医院，政界也一样，那些不懂的人也像很懂似的，开始提问题了。二十岁时，我是认识论专家，搞科学史和科学方法论。在学术领域，这是个小科目。今天，记者问过路人，您对转基因生物，对核问题，对代孕母亲……有什么看法。人人都成了认识论专家，都像我们不久前那样，可以对科学做一番评判了。知识推定完全变了，最后便导致了一种新的民主，它建立在多多少少为人掌握的知识之上，而这种知识是共享的。

就像您常常做的那样，在《拇指一代》这本书里，您抓住一个基督教传奇人物，用来说明这种突变的意义。这就是圣徒德尼被人斩首的极为强烈的画面。您能不能就此再谈一谈？

确实，这段故事在我头脑里来得正是时候，帮我理解了今天所发生的一切。德尼是巴黎第一位主教，当时，也就是 3 世纪，这个城市叫卢泰西亚，城里的基督徒正在遭受罗马人的大规模迫害。在记叙圣徒生活的《金色传奇》一书中，雅克·德·渥拉金这位中古作家讲了一个神迹显而圣人出的奇事：德尼在讲道时被罗马人逮捕，他先是被关押起来，随后被判斩首，推到后来称作蒙马特高地的山丘上处决。行刑那天，走累了的罗马人不想再往高丘顶上爬，于是半路上就割了他的头。正当头颅在地上滚动时，奇迹出现了！德尼站了起来，拾起他自己的头颅，拿在手上，朝山坡上走去——那条路后来成了"殉难者街"。当时罗马人见状吓得四散而逃。德尼在一处泉水洗净他的首级，又继续走了六公里，这才把头颅交给一个女人，然后就倒了下去。人们在原地埋葬了他，后来又修建了一座大教堂，圣德尼大教堂……

一个人手持自己的头颅，这个画面非常震撼人——小时候，听人讲这个故事，我禁不住要问，一个无头之躯怎么还能向前行走……难道身体没了眼睛也能辨别方向？或者，虽身首两处，二者仍能保持配合？这个问题暂且留待以后再探究，今天，让我感兴趣的是一个人手持自己头颅的画面。每天早晨，当我们打开电脑，面对我们的邮件、文档和软件，我们不都多少有点像德尼吗？我们也一样，把自己"装得满满的"头割了下来，放到电脑上了。它就摆在我们面前。我们不得不问自己：我们的无头之躯还剩下什么？或者说，我们的空脑壳里还剩

113

下什么？莱昂·博纳①在表现圣徒德尼的殉道场面时（这幅画今藏于巴黎先贤祠），在断头的部位画了一簇光。这恰恰就是为我们剩下的东西：当我们的认知功能外化了，从某种意义上讲，我们也就注定要变得聪明起来。"装得满满的"脑袋（知识）和"健全的"脑袋（软件）都一股脑儿甩出外面来了，掉进了电脑这个便携式脑袋之中。留给我们的是创造性和适应性。幸好，这一点恰是彰显了人类的特征。

继五千年前美索不达米亚平原发明文字，五百年前欧洲发明印刷术，数字革命是不是第三次符号大革命？如同苏美尔人的黏土板、古登堡的印刷机，连接互联网的电脑屏幕不仅仅是一种新媒体，它也改变了它所传送的知识的性质和功能。

完全同意。但也要看到，您提到的每一场革

---

① 莱昂·博纳（Léon Bonnat, 1833—1922）：法国画家、雕刻家和艺术收藏家。擅长人物肖像画，曾给雨果、小仲马等众多同代人画像。

命，都相应地伴随了一种新哲学的诞生。书写革命，尽管时间上溯得更远，却可以在柏拉图那里找到哲学表达。您应该还记得那场大辩论，代表口述传统的苏格拉底拒绝把他的思想写下来，他拒斥书写就像拒斥药①一样，药虽然可以把思想的痕迹保存下来，但危险也很大，甚至可以损害记忆，把生动的思想扼杀在死亡的符号里。说到印刷术，我们当然要提到蒙田。蒙田是怎么说的呢？与其有一个"装得满满"的头脑，不如有一副"健全"的头脑。他这话是什么意思呢？在古登堡之前，一个历史学家未必那么容易就接触到古抄本，所以得把蒂托·李维或塔西陀②熟记在心，但是随着印刷术的

---

① 药（pharmakon）：此词在古希腊人那里，就像药性本身所具有的正负面效果一样，其用法亦有多重色彩。在文学作品如荷马史诗里指的是"迷魂药"，日常生活中通常引申为解决问题的"办法"或"药方"；但在柏拉图著作里，此词又用来特喻人类精神活动中具有两面性的事物，譬如文字、符号和书写。参看柏拉图《斐德罗篇》274e—275a。

② 蒂托·李维（Tite-Live，约前59年—17年）：古罗马历史学家，著有《罗马史》（*Ab urbe condita libri*）。塔西陀（Tacite，约58—120）：古罗马历史学家，著有《历史》（又称《罗马史》）和《编年史》（又称《罗马帝国编年史》）。

115

发明，他用不着去死记硬背了：他记在脑子里的东西从此就放在他的"书架"上了。脑子清空了记忆。"装满"头脑这件事从此由书橱来担当了。这样一来，蒙田请我们把注意力放到别处，而不是背书和重复从前那些大作家的话。今天，数字革命再次要求出现一位哲学家来认可这种向新世纪的过渡，抓住思想的新用途。我，便尝试着做这样一位哲学家。

这样一位哲学家，是不是应该设计一种新的教学法，其模式既有别于希腊人伴随书写而来的教化，也有别于文艺复兴时代因印刷术而产生的 studia humanitatis［人文研究］？不管怎样，我们不能仅仅满足于观察到知识变得就手可取这一事实……好像这就是一个解决办法。因为，要想掌握手中的知识，拇指女孩还该做些什么呢？

这三次符号大革命，也即文字、印刷和数字，从根本上改变了什么呢？是整个认知发生了变化。

116

就说第一个吧，文字革命。苏格拉底站出来反对这场革命。他断定，文字是死亡了的思想，只有鲜活的话语、对话才是富有生命力的东西，所以，真正的知识只能是从这儿来。苏格拉底是口述时代的拇指女孩。而柏拉图，他完全转到了文字王国里。整个希腊教化［paideia］的关键就在于摆脱过分的口述性，从而进入文字的时代。那时，希腊重视的，比如说，是《伊里亚特》和《奥德赛》。吟游诗人是引领风骚的知识分子，以口语的方式保存和吟唱诗句。对此，苏格拉底也以自己的方式予以肯定：知识就是记忆嘛，是隐藏在我们每个人最深处的思想记忆的浮现。然而，人们一旦有了文字，记忆就显得没那么重要了。苏格拉底，这次作为柏拉图的人物，击败了《美诺篇》的小奴隶，因为小奴隶只靠记忆，而苏格拉底靠的是**论证**——论证使他达于同样的结果。从这里我们看到，载体的变化彻底打乱了智力功能：跟文字一样，像几何论证这样的理性操作把事物的记忆打得一败涂地。最早的学校，譬如柏拉图学园，出现了；于是，吟游诗人们被手捧教科书的教师取代了。骤然间，记忆不再是学习知识的核心。

我们再来看看拉伯雷的人物卡冈都亚的例子，他处在第二次革命也就是印刷术革命的中心。当时，知识界的头面人物是索邦大学的神学教授，也就是经院哲学家。不用说，经院哲学家不会对一本描述上千种进食、消化、睡觉方式的书持欢迎态度的——这些都被视为庸俗之物，不值得一提。从我们的角度，我们不能说拉伯雷不是我们的父亲。可是，这也经历了伴随文字发明而来的同样的曲折。我倒是认为，我们今天处在相同的情形中：看到一个新的载体冒出，人人都觉得完蛋了；可是，鉴于数字化今后将承担过去由我们的大脑来完成的一系列功能，我们最好还是动动脑筋，想一想这个我们还要继续开发下去的新大脑。所以，当有人跟我说拇指女孩手上拿着上千种东西，却不知道如何运用，又说她的注意力受到打扰，不可能集中精力，也没法投入学习，我真想回答说这种疑虑是毫无意义的。这太像印刷书籍出现时引起的惶恐了。现在大家都忘了，但书籍出现时，那些博学之士就是这般惊恐万状的：这么多随手可取的本本，学生怎么可能学会在其中挑选呢？口述时代的记忆完全不同于印刷时代的记忆，随着数字时代的到来，我们的神经元肯定也发生了变化。我不说这是好还是坏，我只是说出现了一种"知识学的"或"认识论上的"变化：对资讯的获取改变了我们的知识，对知识的获取改变了我们的认识。

至于说人们不懂得引导这种变化，在我看来并不奇怪：正像当年索邦大学的神学教授没法引导印刷术的历险，今人也不见得比他们强到哪儿去。相反，我知道的是，那场革命过去一个世纪后，人们还在嘲笑他们哩。莫里哀继续嘲讽那些在索邦大学讲拉丁语的医生，这些人以为只要给出拉丁文的定义，就能把新出现的疾病治好。没错，这里有种深层的认知断裂。我这代人中的所有科学家，比如我的天体物理学家朋友皮埃尔·雷纳（Pierre Léna）就曾经对我说："我用电脑工作，新一代人在电脑中思考。有什么东西被我丢失了……”大家尚未理解这种文化，这很正常，但我倾向于站在拉伯雷这边，而不是索邦大学教授那边。仅此而已。这就是我押的赌注。我也可能是错的，但我愿意尝试。

不过，即便蒙田和拉伯雷这些被您树为典范的人嘲讽了索邦大学那帮教授，也并不妨碍他们通晓拉丁文、希腊文……

甚至比前辈掌握得更好呢！但是他们使用的方法是不同的。蒙田并没有按索邦博士们的方法去使用拉丁作者的著作。可是，蒙田确实跟他们一样，也读了亚里士多德的著作，但他用在完全不同的地方。我自己也身处数字时代，但我还是懂希腊文、拉丁文！

一种新的精神能力降临了。前面的两次符号革命解放了思想：文字革命发生时，人们发明了几何学；印刷术革命发生时，人们发明了实验科学，因为这时人们的脑子空出来了，可以用来观察正在坠落的物体。发明印刷术的时代，物理学家是个什么样的人呢？是个学者，他必须把亚里士多德的物理学和斯多葛学派的物理学熟记在心。也因为这个缘故，他工作时，脑袋是完全被塞满了的。后来，突然有一天，亚里士多德的著作被印出了，斯多葛学派的著作也印成书了……而这位物理学家，他究竟做了什么？他只是看着苹果掉了下来。作为从前那种旧式的物理学家，他本来成了个无用的人，可是，他却发明了数学物理。我说的是伽利略。他与耶稣会士和乌尔班八世①所做的斗争，虽然使他与神学家为敌，但让他更加对立的却是那些熟悉亚里士多德的人，这些人大段大段引用亚里士多德的著作，而他引证的是别的东西——精神的新用途。跟人们所想的不同，认知力不是天然就赐给人的大脑

① 乌尔班八世（Urbain VIII, 1568—1644）：第 235 任罗马教皇，1623—1644 年在位。乌尔班八世虽与伽利略有深厚的私人交情，但伽利略的学说被指为异端并受到来自耶稣会士的指控，乌尔班八世无奈之下，遂下令将伽利略逮捕送交罗马宗教裁判所审判。宗教法庭于 1633 年判伽利略终身监禁，并禁止传阅和出版他的著作。直到两百年后，教廷才于 1835 年把伽利略等人的著作从禁书目录中删除。

的，而是创造出来的。

认知力是通过什么程序创造出来的？

通过信息—载体这对组合。口语时代，载体是
什么？是身体。信息是什么？声音的发送。文字时
代，载体是什么？起初是大理石，在上面雕刻；之
后是小牛皮，称作犊皮纸（vélin）；羊皮，称作羊
皮纸（parchemin）；再后就是纸了，即 biblos①。那
么信息呢？是写本。到了印刷时代，载体变了，信
息也跟着变了。教学法的基本变数，就是这对载体
—信息，正是这对载体—信息把我们准确称为"能
力"的东西诱入我们的认识机能。康德认为可依人
的精神本性先天地加以界定的东西，事实上完全取
决于知识的保存及传播方式。《纯粹理性批判》及

———————

① biblos 系古希腊文 βιβλοσ 的拉丁文转写。据古罗马诗
人卢坎（*Marcus Annaeus Lucanus*，39—65）在其史诗《法沙利
亚》（*Pharsalia*，III，222）中描述，biblos 即希腊人所称之产
于尼罗河三角洲的"莎草纸"（拉丁文 papyrus）。

其感性、知性、理性三分法，完全是个童话故事！不是什么，正是载体—信息这对组合创造了人的认知力。

您讲的这些都很有启发，但是，您还是没有回答最初的那个问题……即使拇指女孩能接触到全部知识，未必说明她都能理解，也不意味着她有能力掌握。而您的说法，就好像摄取知识跟理解和掌握知识是同一回事似的。

试想一下：我是一名小学教师，我教学生们偶数和奇数，也就是学会计算的第一步。我向他们解释的东西，难道他们这就明白了，我自己也明白了？不，并非我说了"偶数"、"奇数"、"自然数"等等，我就明白了什么是数。连最伟大的数学家，首先是弗雷格和罗素，都曾经在这上面碰得头破血流。难道我们都懂什么是素数吗？不见得，因为素数的分布是完全不可知的，诸如此类。我们所解释的和所接受的东西，如果都得全盘搞懂，那可

123

就……

您说的没错，但您在玩"搞懂"这个动词。

人们以为，只有搞懂了，才算学到了，这是不对的。这一点，必须是数学家才能弄明白。而我们就像鼹鼠，拿来，学习，理解——然后才真懂！因为一开始，我们只是懂一点点。渐渐地，我们对自己说："噢，原来是这个意思！"用来解带连续导数之函数的麦克劳林公式，我是死记硬背下来的。好像有人问过我这个公式想说什么……四十年后，我才看出了它的深邃之处！要求人们全盘搞懂讲解的或学习的东西，这想法纯粹是教学上的一种疯狂。事情不是这样就能行得通的。

您这不是给反对您的理由增添分量吗！因为，您对数学所说的这些，按理也同样适用于其他方面：必须有一套学习规程，这样一来，那些不懂的

人可以去学，而授课的人可以假装什么都懂。

是的，但途径问题也就解决了。帕斯卡尔曾说：来吧，来吧，都来祈祷，信仰自会来到您心中！对数学而言，除此还有什么别的法子呢？来吧，默记，运算，信仰自会来到您心中！久而久之，您就懂了。您提的这个问题，与媒介和载体无关！

比方说维基百科。并非我从维基百科那里做了一道复制粘贴，我就掌握了知识。知识要求人们把学到的东西的涵义内在化。然而，现在的学生跟知识之间越来越近乎一种捕食或"采摘"的关系，知识在他们眼里就像是陌生的东西，杂乱无章……

您提出这个问题是有道理的，但我已经回答了。是的，信息并不是知识。在口语或书面传播中，这个差别早已昭然若揭。再说，我们上网和坐在一个很大的图书馆里，不就跟进了华盛顿的国会图书馆或法国国家图书馆一样，有同样的感觉吗？进了图书馆，我也会跟在网上一样迷失路途。回头看看启蒙时代那些大哲学家对出版书籍浩如烟海所做的评价，倒是件有趣的事。比如，莱布尼茨当时就已开始担心，这种不断增长的规模会给我们造成混乱，把我们推入一种新的野蛮状态。还是听听他 1680 年讲过的一番话吧："我担心，我们将长久陷于因过失而落到的这种混乱和贫乏的境地。我甚至害怕，我们无谓地耗尽好奇心之后，不仅没能够从我们的探索中获得身心愉悦所需的好处，反而对科学产生反感，人们甚至可能彻底绝望而跌回到野蛮时代。书籍泛滥成灾，还在不停增加，结果起了推波助澜的作用。因为，这种混乱到头来会变得几乎难以节制，作者多如牛毛，哪一天真的汗牛充栋了，就会使作者们全都陷入整个被人遗忘的危险，那种在研究工作中给人以激励的对荣誉的期待也会突然中断；从前人们以当上作者为荣，到那时，也许就会羞于自己的作者身份了。"① 这个论断至今一点儿没变！

但问题还不在于能不能读懂所有的书籍，包括那些数学论著，而是现在什么都搞不懂了……这个时候，如果不求助于一位媒人，一个中介，总之，一位老师，怎么办呢？

我没说教师群体要消失，而是说它将具有另外一种职能，这种职能在时间和空间上不是按同样的方式来组织的。哪一种方式，这需要我们去寻找。蒙田在他的《随笔录》里就已经把这当作重大课题了。是的，所有东西都现成的在书里了，但并不是您的书架上摆了全套希腊文的古希腊悲剧著作，您就可以阅读并理解它们。资讯在那儿，在书架上，

① 参看莱布尼茨《为促进科学提出的忠告》（*Préceptes pour avancer les sciences*）；《莱布尼茨哲学著作》，Gothofredi Guillelmi Leibnitii Opera Philosophica Quae Extant Latina Gallica Germanica Omnia. Erdmann，第 165 页。

但不是知识。教师的角色当然还会演下去。还有教师的环境，也会发生变化。自从我出版了《拇指一代》，有几个建筑师给我打电话，问我既然现在都在线授课了，将来的校园会是个什么样子？我怎么可能告诉他们未来的建筑草图怎么画，那太难了！

不就是因为这个，欧洲，而后整个西方，才把教学建立在书本和老师这个权威基础上的吗？

没错。每次出现载体—信息组合的更变，就会有一个相应的教学法诞生。对此，我完全没有异议。

您至少是在建议我们摆脱那种让我们拥有书籍的教学法吧？

我没说这个。我说的是，我的职业是把资讯转化成知识。而且，一旦资讯完全可以摄取，我就可以把精力集中到关键之处了，如蒙田向我们建议的那样，就是说集中到知识方面。或者说，我的职业更在于把资讯转化为知识和生动的学识。那个跟我解释某项论证的人，他把我带入了知识。这就是教师的职业。今后，资讯随手可取，但我们仍然需要中介人把它转化成知识。

是的，只是今后教师被剥夺了从书本得来的权威，过去并非人人都能接触书籍。从前，教师是书籍里的知识与学生的头脑之间的中介人，如果知识突然转到了学生这一边，教师就不再是任何东西的中介人了。

那很好啊！我不是权威的拥护者。我甚至认为它正在消失。"权威"这个词，正如"作者"一词，来自一个拉丁语动词，*augeo*，*auctum*，意思是增长。我只向使我得到增长的权威鞠躬。

可是，在《拇指一代》这本书里，您却把一个切实的问题当作解决办法来介绍，您刚才也承认了……

这本书确实有点程序化，而且带有很大的乌托邦色彩。我同意里面有些用语有点儿欠斟酌，而且缺少一页把资讯和知识区分得更加清楚。

您甚至写道："没有人再需要昔日的传声筒了，除非有一种，独特而罕见，能有所发明创造。"在旧日的教学里，孩子们面对的是书本的传声筒。现在，您说这一切结束了，是因为不再有传声筒了？

教师站在讲坛上向虔诚得一片肃静的听众滔滔不绝地灌输资讯，这样的时代已经过去了。聊天说话曾经是小学或初中的特权，现在已经传到了高等学府，甚至传到了任何一个讨论会场所。始终有一种背景噪音在那儿，我们最好是听一下。传声筒调换了位置！

这种背景噪音，您归之于这样一个原因，即任何一个拇指女孩只要读维基百科就能什么都知道。这是不是把瓶塞推得远了点儿？光读维基百科上的"Réacteur EPR"［"欧洲压水式反应堆"］词条，并不足以了解核的关键问题啊……

是我的错。再说一遍，我没有把资讯和知识分得更加清楚。确实，任何一个人都可以找到拉富格①对费马大定理的论证，但却完全不知所云。我自己也是一窍不通。但如果有一个人向我解释这个论证，那他就可能把我带入知识。这就是教师的职业：把资讯转化为知识。确实，在我这本书里，这方面可能有点……

……简略……？

我同意。

---

① 拉富格（Laurent Lafforgue，1966—）：法国数学家。

知识可不可以是民主的？

回答是肯定的。如果知识不是民主的，那就没有什么东西是民主的了。不是权力是民主的，或应该是民主的，而是知识是民主的。其实，我们正处在一个十字路口：您要做个绝对自由主义者还是个等级制度者？从我来讲，我把赌注押在了拇指女孩身上：绝对自由主义者会赢得胜利。当然，我也知道，在教学中，学生是需要有人伴随的。我没说不需要。我之所以成为数学家，是因为我有一个老师，他用手，用肢体向我示范什么是张量。假如我只是读了一部张量计算的论著，我是不会搞懂的，这是肯定的。我当然不希望取消教师队伍，但我坚信新科技已形成一股浪潮，这股浪潮势必要把旧式的教学冲刷掉。那种老师处于中心，学生成排而坐的课堂模式，已经不时兴了，结束了！应该发明一种新的跟踪方式。

您是极少数以如此正面方式谈论数字革命的哲学家之一。相反，很多人都担心这当中会失去很多东西：首先是注意力，越来越被屏幕和电话打扰；其次是专注力，尤其是阅读所需的那种专注。普鲁斯特把阅读定义为"孤独深处的交流产生的奇迹"。随着"数字人类"的诞生，难道不会出现一种危险，丧失或毁掉一些宝贵的经验，比如从头到尾读一本书的经验？

丧失……今天，所有人都怕失去点儿什么。让我给您讲讲我的朋友，史前史专家安德烈·勒鲁瓦-古尔汉①是如何回答这类焦虑的。他蹲在地上，一边摇晃着双臂一边对我说："我们曾经是四足动物，从某个时候，我们站了起来。哎哟，这下可麻烦了！两条下肢失去了部分支撑功能，这损失多可怕呀。是啊，可是我们发明了手！哎哟，手跟爪子可不是一回事！除非有一点，在人四肢行走时，嘴巴曾经行使抓取功能。一旦手收回了抓取功能，口

---

① 安德烈·勒鲁瓦-古尔汉（André Leroi-Gourhan，1911—1986）：法国考古学家，古人类学家和历史学家。曾致力于整合技术与文化，应用于人类学和社会学领域。

就**失去**了这个作用。是啊！可是，手和口被解放之后，人又发明了工具和话语!"换句话说，在为一种功能的丧失唉声叹气之前，还是让我们先观察观察一种转变能给我们赢得什么吧。猴子经由双足行走而变成人科，双足革命可以视为相继丧失一系列东西的结果……但同样也可以当作赢得一系列东西的过程：变成直立后，两个上肢丧失了支承功能……但手腾出来了；嘴巴丧失了抓取功能，但口获得了说话的自由。每一种丧失的背后，勒鲁瓦-古尔汉都发现一种新的能力。对文字的发明，印刷术或数字化的发明，道理也是一样的。毫无疑问，这些发明触及了我们的专注力和记忆，但同时也使我们赢得了新的能力，这个我们已经说过了。今天，我们失去了一些东西，但历史经验告诉我们，失去的同时又赢得了很多！是的，大脑清空了，但这可能是一种解放，使我们面对新的运用时没有任何束缚，正是这种无拘无束造就了希腊奇迹、文艺复兴和宗教改革！知识和认知力客体化了，我们才能最终充分发挥我们的创造性天赋。思想不同于理性程序，后者是可以客体化的，可以外化到我们的机器中的。我思，我发明，甚至是在我与知识拉开距离的情况下。正是这段距离提供了发明的可能。

拇指女孩对您来说不仅仅代表了未来的学生，您似乎还从她身上看到了新的个体，新的公民……

我甚至要说拇指女孩是历史上第一个个体人。个体这个观念拥有一部很长的历史：是使徒保罗发明了它（您一定还记得他那句话："不分犹太人、希腊人、自主的、为奴的、或男或女……"①），但是，尚需圣奥古斯丁的《忏悔录》，蒙田的"我"，笛卡尔的"我"，卢梭的多情的"我"，康德的道德主体……这一长串故事才使个体浮现出来。但它终究在那儿了，就在我们眼前，也许是第一次。

这么说，新技术对个体的降临起了一定的作

①　参看圣经新约《加拉太书》3：28（联合圣经公会新标点和合本）。

135

用？现在，人们反而有种倾向，把它看成是威胁个体自由的监视器……

新技术确实使私人生活或公共生活受到了过度的监视。但有一个例外，那就是只要冒出一个爱德华·斯诺登①，世界第一强国就被摇撼了。由此看来，这不是出现了一种前所未有的个体威力了吗？一个人，仅仅一个人，就能打乱全世界的监视机器！我喜欢这种平衡：一边是谷歌和中央情报局，另一边是斯诺登！真是一幅乌托邦画面啊！

可毕竟，从 16 世纪起，乔尔丹诺·布鲁诺②就已经推翻了亚里士多德的有限世界，甚至是哥白尼的有

---

① 爱德华·斯诺登（Edward Joseph Snowden，1983—）：美国职业电脑师，曾受聘于美国中央情报局（CIA）和美国国家安全局（NSA）担任技术员。2013 年 6 月在香港向英国《卫报》和美国《华盛顿邮报》泄露美国国家安全局"棱镜"监听项目机密文档，遭到美国和英国通缉。随后离开香港前往俄罗斯，获准在俄避难。

② 乔尔丹诺·布鲁诺（Giordano Bruno，1548—1600）：意大利数学家、哲学家和天文学家。因批判经院哲学及传播哥白尼日心说，被罗马宗教裁判所判处火刑在公共广场烧死。

限世界！再说，他也为此付出了相当惨重的代价！

我同意，但他赢得了多少人的信服？人类的0.5%吧？斯诺登也让全世界人都睁开了眼睛。

布鲁诺是打开了一部分人类的眼界，不过这可是用了一两个世纪的时间，而斯诺登……

立竿见影。

照您的说法，只是到了现在，仰仗新技术，个体才完全成为个体，"全面的"个体？

您是说"现在"吗？这是拇指女孩的座右铭："现在！"这个副词是什么意思呢？它的意思是"用手拿着"，"拿东西的手"①。拇指女孩用手拿

_____

① 法语 maintenant［现在］这个副词，派生自动词 maintenir 的现在分词形式；词源上，maintenir 来自拉丁文 *manu*［手上］+ *tenere*［拿着］，原义维持，掌握。

137

着手机。可她实际上拿的是什么？因为有全球定位系统，她手上拿着的是全世界所有的地方；因为有维基百科，她拿的是世界所有的信息；因为有"连接链"，她手上就有了世界上所有的人，链接使得一个人不论身处何地，只要与四个人接触上，就不会跟任何人隔绝。统计数字显示，只要打四个电话，就足以让世界上任何一个人联络上任何另一个人。在拇指女孩之前，谁敢说自己有这本事？罗马皇帝奥古斯都，太阳王路易十四，还是哪位中国或美国的亿万富豪？今天，三十亿七千五百万人都可以说"现在，世界拿在手上"。也就是说，现在个体所持的权力，至少是虚拟部分，比奥古斯都的还要大。再说了，奥古斯都的权力大部分不也是虚拟的吗？由此产生的是多么了不起的政治乌托邦啊！这是乔尔丹诺·布鲁诺不可能看得到的新事物。

拇指女孩具有分身术。她既在这儿，又在那儿；在我们面前，又远离我们。她的身体就坐在我们对面的座椅上，但一部分头脑却跟几公里甚或几千公里之外的一个对话者在一起。所以，她是泛托邦者①的小孙女？

是的，但也不完全。泛托邦者是个旅行家，拇指女孩是个网友，两者还是不太一样。泛托邦者在真实的空间里行走，拇指女孩则是在网上冲浪。

网友，不就是莱布尼茨想象的个体吗：一个凭借网状系统与所有其他单子连接的单子，尽管这个网状系统并不需要它来运行……

用一个单子来代表世界的莱布尼茨式梦想，如今已经具体实现了。您读过维克多·雨果的长诗

---

① 泛托邦［Pantopie］，泛托邦者［Pantope］：本书作者米歇尔·塞尔据 Utopie［乌托邦］一词另杜撰的名词，由 *pan* + *topos* 构成。*pan*，古希腊文 παν，一切，整体，万有；*topos*，地点；"泛托邦"即天下所有地点。参看塞氏长篇访谈《泛托邦：从赫耳墨斯到拇指女孩》（*Pantopie：de Hermès à Petite Poucette*）第二章《泛托邦或通过虚构人物来思想》，苹果树出版社，巴黎，2014 年。

《这个世纪就两岁》①吗？"我的灵魂发出千种声音，我深爱的上帝／把它置于万物的中心，如同震鸣的回声！"这就是拇指女孩。一种等级图式从我们眼皮底下消失了。这一重要现象已经造成一些不可思议的影响，其中有个事实，就是我们今天设想的政治正在消亡。拇指女孩的最终影响就在这里。

关于这方面，您写道，新技术正在把我们"集体的"变成"连接的"。您确切想说的是什么？

我确信新技术是新一代个体人所期待的工具，这个工具不需要通过第三者就可以把他们互相连接起来，虽然这个第三者被认为比他们更了解他们知道什么，想要什么，而且还有能力把他们召集到一起。无疑，这是历史上第一次，个体可以和庞大的旧制度占有同等的科学、资讯及决策能力。这个观

---

① 参看雨果《秋叶集》（*Les feuilles d'automne*），Adolphe Wahlen，布鲁塞尔，1836 年，第 20 页。

点带有一些乌托邦色彩，但这却是数字革命有可能被记下的一笔。

不管是针对学校，工作，还是政治，您总是将新的网络系统和金字塔状的、等级分明的旧建制对立起来，但这不是在预先假定集体可以免去一切权威，自行筹划吗？这一点是不是掉进了我们这个时代新自由主义的大幻觉了：如同一个理想的市场，个体只要一连网，他们所组成的这个整体便可自行管理，不需要通过一个明晰的决议，也不需经过任何调节机构？

总之，您是想对我说，在我的乌托邦里，有一只"看不见的手"吧？请您再想想拇指女孩的座右铭："现在。世界拿在手上"！

不管怎么说，您的网络之赞跟当下世界需要摆脱控制权的强烈愿望是极合拍的……

我再说说教室里发生的事情，它完全搅乱了教师、教授们的教学，甚至打乱了整个高等教育行业：学生们在课堂上说话聊天！他们聊到什么程度，你简直不能想象！不是老师，你不会知道。教室里有一种背景噪音，你讲什么都听不见。当然了，老师们想尽办法让学生们闭嘴，但我认为这是枉然的。他们夺走了话语，而且不见得会还给你。再说，哪里都一样，校长讲话时教师们也私下在聊天，将军训话时警察们照说不误，议会里议员们交头接耳……话语的传播中，确实有一个巨大的逆转：人人都在发言。当人们发言时，我认为最好是都听一听，而不是无谓地一味阻挠。这不是新自由主义观点，更是绝对自由主义或具有无政府主义倾向的观点。

那么在您看来，会出现一个什么样的新社会呢？

马克思把他自己所从属的科学社会主义者同空想社会主义者对立起来。一边是把前景预测建立在幻想之上的人，另一边是信仰社会和历史科学的人。然而，请跟我一起来总结一下这两拨人"成功"的经验。科学社会主义者在莫斯科和金边夺取了政权。结论是什么？五千万、七千万人死亡？空想社会主义者企图建立一些社群，但很快都瓦解了。所以，空想主义者们失败了，这是个事实。但是，他们留下的遗产是什么？所有成为当今这个社会的东西嘛！幼儿园、医疗机构、社会保险……，所有这些都在普鲁东和傅立叶的主张里！面向贫困农民的法国农业信贷银行，面向小储户的法国大众银行……所有这些让我们的生活更加温馨，构成当今社会的东西，都来自空想主义者。毕竟是太奇怪了，居然从来没有人这么说过。噢，还有，是谁开凿了苏伊士运河？斐迪南·德·雷赛布，据我所知，一位圣西门信徒。结论是，现代社会是由他们创立的。我的感觉是，如果你不制造空想的话，你就什么也没做。而我，我站在发明家和空想主义者一面，因为他们完全是在政治之外乃至经济之外建设起社群的。乌托

143

邦万岁!

那么，您指望的是社会的自行组织？

我从来没用过这个词。

是没用过，但想法在了：由那些自由链接的参
与者来实行某种相互的控制……

但这些参与者是一些有能力做出判断的个
体。事情不是自动完成的。就市场的来说，确实
是自动的，因为那只"手"是看不见的。但我没
有说过自行组织，我只是讲到那些个体，他们在
自己所处的位置担当自己的责任。我不是说网络
本身可以把什么都做了，我只是说赋予个体的权
力比我们想象的要大。对我来说，民主似乎就是
这个。

只是，如马基雅维利所说，一个社会里总是有

强者和弱者，总是有一些人想统治，另一些人不想被统治，幸好，还有一些人潜在地想为人服务，这就需要一个第三者，一个处在他们中间的权威……

我遇到的几乎所有"统治者"，都跟严重的精神病患者十分相像。

您写道："拇指女孩冲父辈们大吼：你们指责我自私，可过去有谁向我指出过？说我是个人主义，那又是谁教育出来的？你们自己懂得团队精神吗？你们连过夫妻生活的能力都没有，只会离婚……"拇指女孩是不是拒绝服从一切旧的依附关系？

所有社群模式都失败了。所有的政党模式也失败了。今天的重大课题，也恰恰是拇指女孩的重大课题，是建立新的依附关系。所以，没有一只看不见的手。

可拇指女孩的手倒是看得清清楚楚的！

是的，拇指女孩这个名字就已让人想到了手！这证明她是可以做出决定的。而她的座右铭也重复了这一点：现在①！

您知道 émancipation［解放］这个词的词源吗？就是"用手去拿"。拇指女孩自己解放了自己。这是知识和政治的解放。

如何解释 20 世纪末，现代人类开始把现实和文化数字化？这件事到底很难说是好还是坏……

这个世纪最伟大的发明在于完善了伽利略。伽利略断言自然是由数学语言写成的（参看第三章②）。针对这一断言，人们连续进行了两次补充。

---

① 这里暗示"现在"［maintenant］这个词的语源释义："握在手上"。参看本书第 137 页注 1。

② 此处参引书目为伽利略的《试金者》（*Il Saggiatore*），载《伽利略·伽利莱全集》（*Opere di Galileo Galilei*），Florence，G. Barbèra，第 VI 卷。

第一次补充是，人们认为生者也是如此——伽利略想到了数学物理，但未涉及到化学，当然也不会涉及到生物化学和遗传密码。随后，人们又做了一次补充，认为一切都牵涉到了。但是，今天人们将现实数字化，靠的不是伽利略意义上的数学（代数或几何学），而是算法。不过，最初的想法确实来自于伽利略掷出的辉煌赌注："自然是由数学语言写成的。"或者，上溯得更远，来自毕达哥拉斯学派所说的"一切皆为数"。数字时代又把毕达哥拉斯学派请回来啦！

对一个没见识过的人，所有文本，所有物品，所有商品，从蔬菜到书籍，再到DVD，都有一个条形码，可以被数字化，可不是件好懂的事情。把所有东西都变成一长串数字有什么好处？为什么绕这个弯子？在一件商品上写上6.50欧元，不是比一长串没头没尾的数字更简单吗？我们从中获得了什么？

我们获得了一个个体。算法可以给所有的个体命名，把所有的东西都视为个体。物品被个体化了，就像我被我的 DNA 个体化了。

这让我们想起您的一个说法，算法思维正在接替概念思维……

很可能。一个概念，除了是一只箱子，还能是什么？就说圆的概念吧：既然我可以把全世界的圆都放进去，它就是一个体积近乎无限的箱子。多么伟大的思维经济学！而今天，电脑可以根据需求，展示任何一种圆，是它在做思维经济学的工作，多亏了它，您才能看到所有可以想象的具体例子。所以，是个体的独特性取代了概念，成为思维的中心。思维的展开，是在具体的独特性上，而不再是在抽象概念上了。区别是巨大的，因为发生变化的不仅仅是思维主体，连认知工具本身也发生了突变。每个单个客体都有了一种新思维。在我们之前，大概只有亚里士多德曾经这样猜测过，而我是用了很长时间才明白亚里士多德可能看到了这一点的。对客体的关心导致他说出，实体即个体。而我们直到最近才发现这句话的真理所在。从个体出发，从事物出发，人才可以思考。从前我们是柏拉图的信徒：床的理念归纳了所有的床。柏拉图对独特的床不屑一顾：管它是带天盖的床，双人床，旅馆的床，婚床，还是我儿时的摇篮，他都一概不理，只要有床的理念，那就够了。永别了，柏拉图！您好，亚里士多德！

我们对独特性关心过吗？

实际上，早在柏拉图之前，特殊性就已藏在概念之下。农民用专名召唤他的牛，用专名呼唤他的狗，而且知道左边的杨树不是右边的杨树。当年我作水手时，需要检查渔船前往纽芬兰岛所携带的装备。我们要求渔民带上地图、六分仪、导航用器材。有一天，我发现一些工具崭新如初，地图用都没用过。我心想："这是给监察看的吧，他们肯定从来都不用这些东西。"走出船舱，我看见船长，于是问他："我说，你们怎么去纽芬兰岛?""很容易，我们一直朝前开，避开那些老是刮北风的区域，再避开那些常年有藻类的地方……"他熟悉大海，不需要地图，太抽象了。地图是柏拉图式的，而他们一直呆在独特之中。换句话说，算法思维既可以使一切数字化，又可以在多元性中找回个体。而这，相对于柏拉图主义来说是一次重大革命；两千年来，柏拉图主义使我们在对物的领会方面寸步难行。唯一敢反对柏拉图的，可能就是亚里士多德了。亚里士多德知道那句……："除了几何学家，谁都别进到这里来"；他私下可能这样说："除了关心客体的人，谁都别进到这里来。"当今的科学是关于特殊性的知识。我的思想基础的地基是，我们生活在一个完全不协调的世界。但是，思，究竟是什么呢? 思就是让不协调的东西发生关联。甚至有一位老哲学家曾经讲过"先天综合判断"，我想……

哇! 用康德做总结，这可不太像您!

他的意思是什么呢？一个分析性判断（"人有两条腿"），在于让限死在定义中的东西发生关系。先天综合判断（"所有物体遇到热量都熔化"），在于让定义上互无关联的东西在理论上发生关系。数学是什么？回答就是几个字：某人发明了 A/B。在他之前从来没有任何关系的 A 与 B 之间建立了一种关系。接着，他发明了类比 A/B = C/D：两个比例之间的关系。继续下去：空间和数字之间的关系是什么？他于是发明了代数几何。那么，跟分析的关系呢？他又发明了微分学。毫无关联的东西之间有什么关系？这就是数学，从未停止！这就是思想。剩下的只是复制，再复制以及无稽之谈。所以，越是从各处接收信息，我们越是处于健康状态：这就迫使我们把本无关联的东西联系起来。牛顿就是这样做的，把苹果落地跟地球的运行联系了起来。发明来自于让不协调的事物发生关系。我们的世界是不协调的，思想的作用就是让不协调的东西发生关系，而网上浏览和网络链接恰恰能让人做到这一点。

151

图书在版编目(CIP)数据

拇指一代/(法)塞尔著;谭华译.--上海:
华东师范大学出版社,2015.10
ISBN 978-7-5675-2870-3

Ⅰ.①拇… Ⅱ.①塞…②谭… Ⅲ.①科技发展—
影响—社会发展—研究 Ⅳ.①G321②K02

中国版本图书馆 CIP 数据核字(2014)第 295483 号

华东师范大学出版社六点分社
企划人 倪为国

拇指一代

著　　者　(法)米歇尔·塞尔
译　　者　谭 华
责任编辑　高建红
封面设计　吴元瑛

出版发行　华东师范大学出版社
社　　址　上海市中山北路 3663 号　邮编　200062
网　　址　www.ecnupress.com.cn
电　　话　021-60821666　行政传真　021-62572105
客服电话　021-62865537
门市(邮购)电话　021-62869887
地　　址　上海市中山北路 3663 号华东师范大学校内先锋路口
网　　店　http://hdsdcbs.tmall.com

印　刷　者　上海中华商务联合印刷有限公司
开　　本　787×1092　1/32
印　　张　5.5
字　　数　60 千字
版　　次　2015 年 10 月第 1 版
印　　次　2015 年 10 月第 1 次
书　　号　ISBN 978-7-5675-2870-3/G·7798
定　　价　29.80 元

出 版 人　王 焰

(如发现本版图书有印订质量问题,请寄回本社客服中心调换或电话 021-62865537 联系)